深层地震勘探技术陷阱与对策典型案例

曲寿利　孙振涛　蔡杰雄　编著

中国石化出版社

图书在版编目(CIP)数据

深层地震勘探技术陷阱与对策典型案例/曲寿利，孙振涛，蔡杰雄编著．—北京：中国石化出版社，2023．3
ISBN 978－7－5114－6939－7

Ⅰ．①深… Ⅱ．①曲… ②孙… ③蔡… Ⅲ．①地震勘探 Ⅳ．①P631．4

中国国家版本馆 CIP 数据核字(2023)第 039327 号

中国石化出版社出版发行
地址:北京市东城区安定门外大街 58 号
邮编:100011 电话:(010)57512500
发行部电话:(010)57512575
http://www. sinopec-press. com
E-mail:press@ sinopec. com
北京柏力行彩印有限公司印刷
全国各地新华书店经销
*
787×1092 毫米 16 开本 9. 75 印张 203 千字
2023 年 6 月第 1 版 2023 年 6 月第 1 次印刷
定价:98. 00 元

序
PREFACE

我国深层油气资源潜力巨大，是未来油气勘探开发的重要方向，西部、南部及中部的海相深层碳酸盐岩是最重要的突破领域。在这一领域，以岩溶缝洞型、礁滩孔隙型、白云岩孔隙型和裂缝型为典型的四类特殊储层，具有构造圈闭复杂性和储层多样性的特点，且地表复杂、储层埋藏深温压高、构造复杂尺度小、非均质性强，极大增加了此类油气藏地震成像与储层预测的难度。为此，中国石化设置了企业创新发展联合基金项目，针对这些问题开展了专题研究。

课题组在马永生院士的领导下，针对深层复杂构造成像与多类型储层预测方法开展了系统研究；在课题长曲寿利的组织下，课题组把近两年取得的研究成果进行了总结，把一些共性、普遍性的技术问题与对策以技术陷阱案例的形式进行了提炼和汇总，撰写了《深层地震勘探技术陷阱与对策典型案例》一书。很高兴能看到《深层地震勘探技术陷阱与对策典型案例》一书与读者见面。该书重点剖析了地震技术应用的局限性、地震属性异常的多解性、地球物理工作者在工作中技术应用不当以及认识的片面性等造成的资料处理数据不准确以及构造、储层和流体预测等方面的失误而陷入的勘探陷阱。书中列举了22个典型的案例，涵盖地震资料采集、处理成像、构造储层解释各个环节，每个案例透过问题现象，剖析原因看本质，并给出解决类似问题的具体方案或思路，给读者以警示和启示。

本书的作者曲寿利教授是我国著名的地球物理专家，是中国石油物探技术的带头人之一，长期从事地震勘探技术的研究与应用工作，在塔里木、鄂尔多斯、四川等盆地的地震勘探技术应用方面具有丰富的经验，在地震勘探方法与应用方面有很深的造诣，他带领团队利用近两年的时间完成了本书的编著。该书理据充分，图文并茂，其中蕴含了作者多年积累的物探经验。相信本书对地质工作者、地球物理工作者都有重要的借鉴和指导意义。

前言
FOREWORD

油气勘探开发是一个系统工程，而地球物理技术在油气勘探开发中一直发挥着重要的作用，开发地球物理新技术是世界各大石油公司应对低油价、实施低成本战略的主要手段之一。油气勘探的发展历史证明：地球物理技术的每一次进步都带来了油气的新发现和探明储量的大幅增长，地球物理新技术不仅极大地提高了新区勘探的成功率，也使老油田的勘探与开发焕发了新的活力，对探明剩余油的分布、发现更多的含油气层系、提高油气驱动效果、完善水平井设计等发挥了重要的作用，未来油气勘探与开发的发展，依然依赖地球物理技术的进步。

油气勘探开发最常用的地球物理技术就是地震勘探技术，包括地震采集、处理和资料解释三大环节。地震采集是在野外激发和接收地震波，获取野外地震记录的过程，包括二维地震采集、三维地震采集、高密度地震采集等多种不同的采集方式。地震处理是将野外记录的地震波通过一系列去噪、静校正、子波处理等预处理和成像处理变成人们熟悉的地震剖面的过程，包括时间域成像处理和深度域成像处理。地震资料解释是地震勘探的最终环节，就是利用地震资料并结合地质、钻井、测井等多方面的信息进行构造、断层、地层和岩性等综合解释及储层与流体的预测，绘制成各种图件，评估地下可能含油气地层的形态、范围、埋藏深度与厚度及可能圈闭的流体性质和储量，最终确定钻探井位。

我国深层油气资源潜力巨大，是未来油气勘探开发的现实领域，塔里木、四川和鄂尔多斯盆地的海相深层碳酸盐岩是最重要的突破领域，以岩溶缝洞型、礁滩孔隙型、白云岩孔隙型和裂缝型为典型的四类特殊储层，具有构造圈闭复杂性和储层多样性，且地表复杂、储层埋藏深温压高、构造复杂尺度小、非均质性强，从而导致了地震波场复杂、地震信号弱、信噪比低、分辨率低及地震各向异性等诸多地球物理问题，极大增加了此类油气藏勘探的地震成像与储层预测的难度。正是由于地下地质目标的复杂性、地震勘探方法的局限性、地震异常的多解性、地球物理工作者在工作中技术应用不当以及认识的片面性，造成了在构造解释、岩性识别、储层和流体预测等方面的失误，使很多探井和开发井落空。当我们评价地震勘探效果、分析失利和失误的原因时，常常最关注的就是地震解释环节和地震解释的最终成果质量，而实际上地震勘探的失误不仅仅是来自地震解释环节的陷阱，有些失误直接与地震采集和处理方法技术有关。由于地震勘探是地震采集、处理、解释一体化的系统工程，只有该系统链上的每一个环节都做好，才能保障最终的质量。有时，我们看到的最终环节的失误问题可能是来自其他环节的陷阱，如二维采集或弯线采集等资料的不完整，难以偏移成像获得真实可靠的地质构造，静校正处理不正确会直接影响构造的形态，多次波与去噪不当会影响振幅的保真度，提频处理不当会产生假的同相轴，速度的误差及偏移成像不准会直接影响构造的形态，地震反演的参数或数据不正确会形成假的储层参数等。因此，深层复杂地质体地震勘探的陷阱很多，有的是物探方法和技术本身的缺陷，有的是地震采集技术问题，有的是地震处理技术问题，有的是地震解释技术问题，也有的是地质规律认识的问题，特别有些是处理解释结合及地质与物探结合等一体化研究不够的问题，也有地震部署及物探方法使用不当的问题。我们对这些问题要有正确的认知，才能找到问题产生的真实原因，才能解决这些问题，避开地震勘探技术的陷阱。

地震采集是地震勘探获取地震资料的首要环节。如果地震采集环节得不到高品质的原始资料，后续处理会很困难甚至无法补救。地震采集的观测方式（即观测系统参数）和激发接收方式很重要，道距、面元、排列长度、方位角、覆盖次数、炮道密度等采集参数都会直接影响地震数据的分辨率、成像准确性和信噪比，地震采集方法必须适应地表与地质条件及地震处理条件的需要。例如，要分辨地下小的地质体（如缝洞或小断块）需要采用小道距和小面元，要成像地下深层或高陡构造需要采用长排列，要利用地震各向异性特征识别裂缝储层及流体需要采用宽方位，要解决低信噪比问题需要采用高覆盖和高炮道密度等。面对复杂的地表条件，还必须关注地震采集激发接收方式，如震源类型、井深、能量、频率、组合等。地震采集方面的陷阱主要来自地震采集方法的不适应性，地震勘探中常常要考虑经济投资来设计采集方法，结果往往是二维代替了三维，三维的炮道距和面元不够小，排列不够长、方位不够宽、覆盖次数不够高等，如果面对地震地质条件复杂的情况，地震数据成果在解决地质问题时不能满足需求，会导致地质认识的偏差和勘探失误。

地震处理是地震勘探获取地震资料的第二关键环节。地震时间域处理是指叠前深度偏移之前时间域的所有预处理工作，主要包括振幅补偿、静校正、去噪、反褶积及速度分析与时间域偏移等处理。我们会发现不同的处理员处理的地震剖面差异很大，主要是所采用的处理方法、处理流程、处理参数不同，不合适的方法和参数会导致很多的剖面陷阱。地震成像处理是地震处理的关键环节，面对复杂地表与复杂构造的复杂勘探对象，常规的时间域偏移成像处理不能够获得精确的地下地质体成像，必须采用叠前深度偏移处理技术。目前，用于生产的叠前深度偏移处理技术主要包括：克希霍夫（Kirchhoff）、逆时偏移（Reverse Time Migration，RTM）、黏声逆时偏移（Q – Compensated Reverse Time Migration，Q – RTM）、最小二乘 RTM 等方法，与之相适应的速度建模方法有叠前时间偏移速度分析、全局网格层析速度优化、各向异性层析优化及全波形反演（Full Waveform Inversion，FWI）等。成像算法越是精确越需要配套精确的速度模型优化方法。如克希霍夫偏移方法对速度模型的精度要求不那么高，因而不需要太精确的速度建模方法；而 RTM、Q – RTM、最小二乘 RTM 等方法需要精确的速度模型，越精确越好。如果速度模型不准确或与偏移方法不匹配，就会导致构造与断层成像的不准。另外，复杂山前带的叠前深度成像结果与预处理起伏地表平滑面的选取、近地表速度反演有关，处理流程及参数直接影响成像效果。因此，地震成像存在着速度建模、偏移方法、处理流程与参数等多方面的陷阱。

地震解释是地震勘探的最终环节，主要包括构造解释、储层预测和流体识别等工作。由于地质目标尺度越来越小，隐蔽性强，解释的陷阱主要体现在地震资料分辨率不足、地质认识不足、解释技术方法应用不当等几个方面。如地震分辨率不足时，地震属性具有严重的多解性，即便是很先进的处理解释技术也很难从某个复合波中准确分离与储层相关的信息，这是目前产生解释陷阱的主要原因。另外，解释技术发展很快，基于不同的资料源、不同的维度、不同计算方法的技术大量涌现，但是解释人员在技术应用过程中往往只重视技术的优势而忽略其适应性或应用条件，特别是对技术应用的地质条件与数据条件分析准备不足，就会出现应用成果的多解性和不确定性，从而导致地震解释成果失真和钻探的失利。这些陷阱就来自我们对物探技术应用的针对性和适应性。

本书从地震剖面的高保真性、地震构造解释、深层复杂储层与流体预测及深层勘探地震综合应用等方面，剖析了深层复杂地质体地震勘探常见的与采集、处理和解释相关的技术陷阱。本书以案例的形式按 4 个章节编排，编写了 22 个技术陷阱典型案例。

第一章是地震剖面高保真陷阱，共有5个案例。通过这些案例分别介绍了地震资料处理中的静校正、去噪、能量补偿及提高分辨率等环节存在的技术陷阱，从地震剖面上存在的地质构造、信噪比、振幅能量及分辨率失真现象入手，分析了相关技术原因，给出了做好静校正和能量补偿及提高分辨率和信噪比的思路、方法和建议，为避免地震剖面高保真陷阱提供了参考意见。

第二章是深层复杂地质构造成像陷阱，共有6个案例。案例分别介绍了地质构造与地震测网、偏移成像方法、偏移成像速度、成像面选取、特殊地质体及地震方位各向异性相关的技术陷阱。从构造陷阱现象入手，剖析了形成构造陷阱的原因，并根据当前的技术现状，优选方法、修正参数，依据应用效果提出针对类似陷阱的解决思路与方案。需要进一步说明的是，构造陷阱可能不是由单一原因所导致，可能是多种原因，比如静校正没做好、速度建模不准确、基准面和替换速度选取不合适、偏移方法不适应等，在此展示的案例只是剖析了某一方面的主要陷阱，希望能在所涉及的方面引以为戒。

第三章是深层复杂储层与流体识别陷阱，共有8个案例。重点围绕深层地质体与流体识别的地震资料分辨率、强反射、假串珠及时窗参数、数据、方法的适用性例举了相关案例，展示了与地震分辨率、资料条件、地震属性提取、数据适用性、流体识别方法等相关的陷阱。每个案例表述了其中的一个特定的问题和现象，并分析了相关技术原因，提出了规避风险的一些做法和建议。这里特别需要强调的是"属性提取时窗参数陷阱""流体预测的数据不适应陷阱""振幅随偏移距变化（Amplitude Versus Offset，AVO）反演的方法不适用陷阱"和"地震属性的多解性陷阱"是储层与流体预测最常见的陷阱，一定要在生产应用中回避。

第四章是深层地震勘探技术综合应用实例，共有3个案例。重点围绕深层海相碳酸盐岩断控缝洞型储集体及深层页岩气勘探，列举了面向深层复杂地质体勘探的地震一体化技术应用、面向深层页岩气甜点预测综合技术应用和面向深层断控体的地震描述技术应用三个方面的案例。针对地质问题，提出相关技术对策，给出了技术方法与应用的成功实例，期望能对从事地震勘探工作的广大地球物理与地质工作者给予一定的启示。

目录
CONTENTS

第一章

地震剖面高保真陷阱

通常，地震处理“高保真”的含义是指处理的地震资料具有高信噪比、高分辨率，且振幅、频率、相位等属性能真实反映地下地质体的赋存或变化特征；地震剖面是否保真直接影响到地震构造解释、地层沉积解释和储层预测的精度，特别是在我国西部深层海相碳酸盐岩领域的油气藏隐蔽性强、不易识别，获取“高保真”的地震剖面尤为重要。

地震剖面的获取需要经过复杂的地震采集、地震处理环节。由于客观存在的地表、浅层、深层地震地质条件对地震资料品质的影响是无法改变的，地震资料不可避免地存在噪声、能量和频率的吸收衰减以及不一致性等问题。而且往往地震地质条件越复杂，干扰波越发育，地震采集的资料品质会越差，此时，提升地震剖面的质量就更加依赖于地震资料的处理环节。在资料处理过程中，人们希望能通过针对性的数据处理方法消除近地表和深层地层大地吸收滤波的影响，补偿不一致的能量和频率损失，去除地震波场中的噪声，而且尽可能地提高地震剖面的信噪比和纵横向分辨率，以适应深层地质解释的需求。然而，每种处理方法都有其适用性，技术应用不当可能会破坏地震资料的保真性，如静校正不正确导致地震同相轴失真，出现了虚假的断裂和构造形态；去噪不当破坏了地震波场的振幅信息；提高分辨率处理不当形成了假同相轴等；地震剖面信息失真势必导致地震解释的错误，在工作中应引起足够的重视。

本章节介绍5个案例，涉及地震资料处理中的静校正、去噪、能量补偿、提高分辨率等环节，列举了常见的问题与现象，并分析原因，提出解决方法和建议，以避免在工作中出现类似的陷阱。

案例1：复杂地表区振幅保真与构造解释的静校正陷阱

1. 问题与现象

鄂尔多斯盆地南部为黄土塬地貌，近地表低降速带的厚度和速度变化剧烈，地震勘探困难，特别是在地震资料处理环节很难消除黄土层造成的静校正影响，地震剖面的保真与解释存在静校正陷阱。如图1-1-1为鄂尔多斯盆地黄土塬区的一条地震叠加剖面，可以清楚地看到1.0~1.3s之间的各反射轴能量横向变化很大，能量的变化与地层结构和岩性变化相关性很强，但是在弱振幅区域出现严重与钻井不吻合现象。再如图1-1-2为另一条地震偏移剖面，表现出褶皱和断裂比较发育，但经过已完钻井证实，本区地层沉积比较稳定，地层产状较平缓，叠前时间偏移成果构造形态信息与真实地层展布特征有较大的偏差，导致构造圈闭勘探的失误。

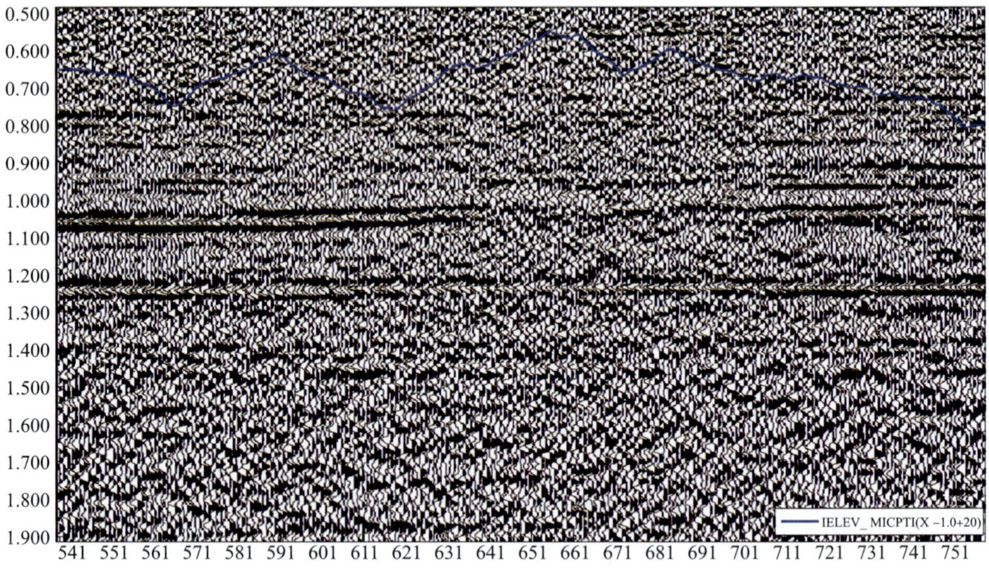

图1-1-1 鄂尔多斯盆地地震叠加剖面

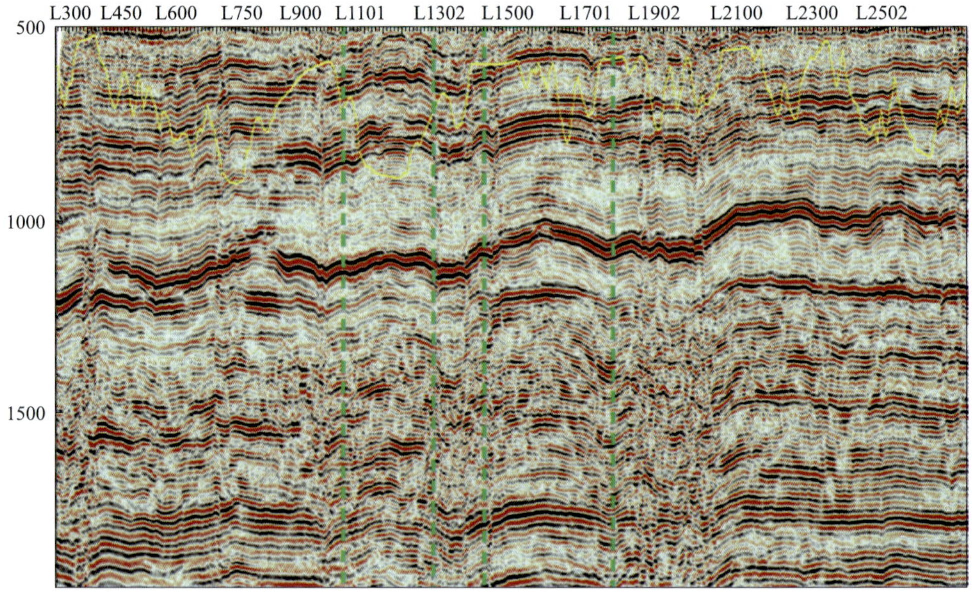

图1-1-2 鄂尔多斯盆地叠前时间偏移剖面

2. 原因分析

通过分析上述两个剖面的处理流程和质控图件得知，图 1－1－1 地震剖面的振幅不连续现象是由于高频时差没有消除(即短波长静校正)造成的。而图 1－1－2 地震剖面的构造失真现象是由于黄土塬厚度变化引起的低频时差(即长波长静校正)造成的。

通常静校正方法可分为长波长和短波长静校正两大类。长波长静校正包括高程静校正、折射静校正和层析静校正等各种方法；短波长静校正主要是剩余静校正，包括基于互相关时差分解的地表一致性剩余静校正、基于最大能量寻优的剩余静校正、非地表一致性剩余静校正等。在该复杂地表地区，静校正问题难以解决导致了地震剖面失真，其主要原因是：

(1)初至起跳不能准确拾取。由于近地表折射界面复杂多变，初至波严重串层串相位，或者地表黄土塬激发，初至波受激发接收条件以及噪声影响，能量较弱，初至时间很难辨别和拾取，导致各种基于初至波的静校正方法失效。

(2)近地表速度过于复杂，难以精确计算。由于黄土塬地形复杂，地表起伏剧烈，炮检点高程落差大，近地表速度变化剧烈，地震波场复杂，野外和室内都很难计算准确的近地表速度模型。

(3)由于长波长静校正误差过大，反射波剩余静校正效果受到局限。反射剩余静校正只对小于 1/2 周期的时差校正量有效，需要在长波长静校正后运用，如果长波长静校正误差大于 1/2 主周期、资料信噪比较低、速度不准确等，反射波剩余静校正也不能很好解决短波长静校正问题。如果短波长的静校正没有很好解决，地震道相互之间存在时差，在多次覆盖叠加时，就不能形成同相叠加，剖面上呈现杂乱反射，振幅不能真正反映地下真实反射。

如图 1－1－3 是黄土塬地区的一条利用层析反演方法计算出的近地表速度模型剖面，黄土厚度达到了 300 ~ 500m，且厚度空间变化非常大。低降速带速度从 500m/s 到 3000m/s，变化也很快。在这种情况下，地表一致性静校正已经不能完全适应；低降速带厚度太大，用常速充填方法，不能解决长波长静校正问题。

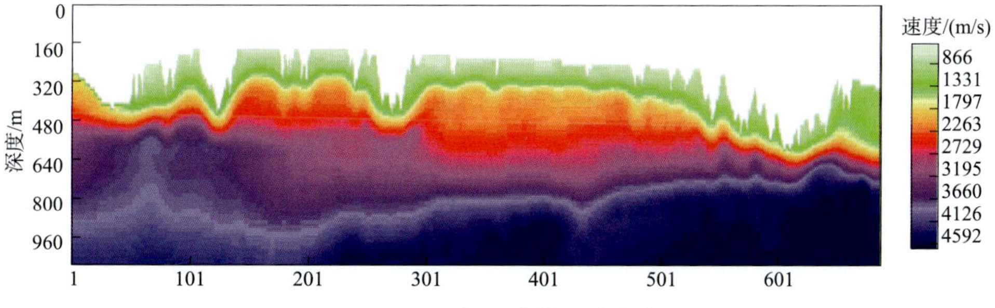

图 1－1－3　层析反演的近地表速度场

3. 解决方案

在本案例中尝试了三项技术以解决该区复杂的静校正问题，包括融合静校正方法提高短波长静校正精度、蒙特卡洛反射波剩余静校正方法解决短波长问题、井控静校正提高长波长静校正精度，三种方法应用均取得较好的实际效果。

1)融合静校正方法提高短波长静校正精度

不同的静校正方法得到的校正量优势不同。实际应用中需要对不同方法进行参数测试，将不同区域优势的短波长静校正量融合，集合各种静校正方法的长处，获得最优的短波长静校正量，确保静校正保真。

图1－1－4是图1－1－1资料应用融合静校正后的剖面，该区块测试了三种层析静校正算法，每种算法在不同位置效果不一样，优选出三种算法各自的优势区域，进行了短波长静校正融合，成像效果有了明显改进，资料信噪比明显提高，沉积特征符合地质规律，解决了振幅保真问题。

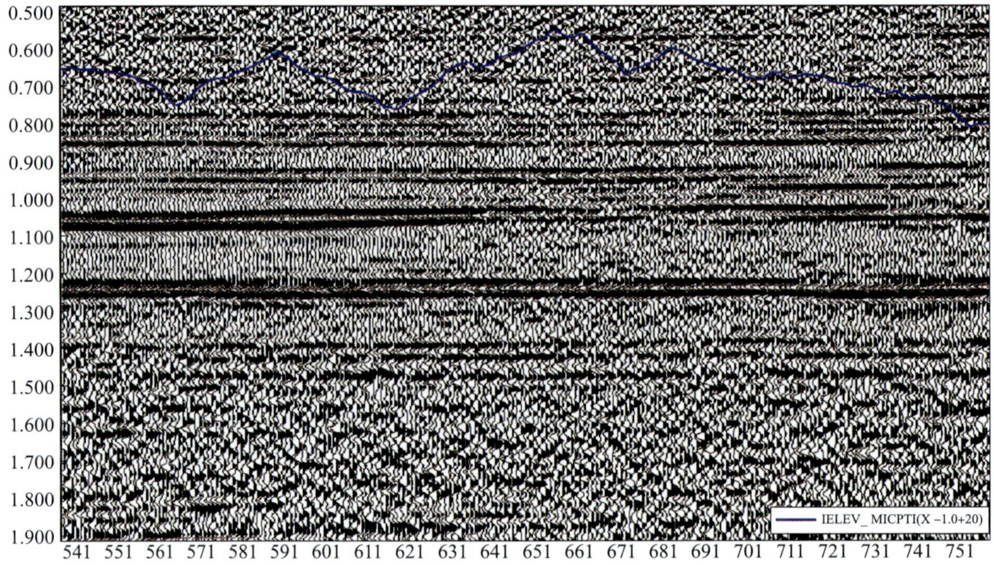

图1－1－4　黄土塬资料融合静校正叠加

2)蒙特卡洛反射波剩余静校正解决短波长问题

地表一致性剩余静校正是提高静校正精度的有效方法，但是不能计算大于1/2个主周期的静校正量值。模拟退火法近几年来受到广泛重视，已成为多维空间中搜索和求解优化问题的主要方法。蒙特卡洛遗传模拟退火混合法是将遗传算法和模拟退火优点充分结合，采用合理的算法结构，得到一个可以接受的近似最优解。图1－1－5为蒙特卡洛剩余静校正前后效果对比，可以看到，短波长静校正效果显著，同相轴连续性明显提高，地震波振幅更加保真。

3)井控静校正提高长波长静校正精度

长波长静校正解决不彻底带来的主要问题是构造形态的扭曲，给解释带来困惑。要解决长波长静校正问题，首先要识别出剖面存在的长波长量。识别长波长静校正问题的常用方法有：分偏移距叠加法、地形相关法、交会图法等。

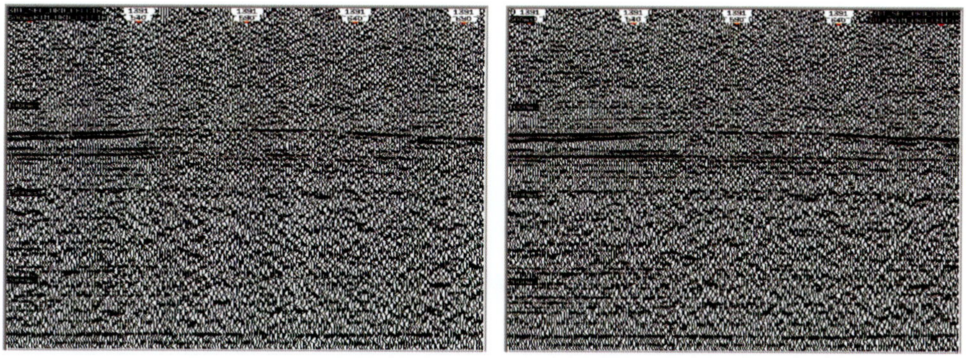

图 1－1－5 蒙特卡洛剩余静校正前后叠加剖面对比分析

分偏移距叠加法：将地震记录分选成共炮检距道集，部分叠加成共炮检距剖面，如果共炮检距剖面的初至近似平直，与地形无明显相关性，则该资料不存在长波长静校正问题，反之，如果不同偏移距构造形态差异明显，则可能存在长波长静校正问题。

地形相关法：一般情况下，低降速带的厚度、速度的横向变化与地形的剧烈起伏有很强的关联性。所以，当地震剖面的构造形态与地形存在较强的相关性时，判断地震剖面可能存在长波长静校正问题。

交会图法：在处理质量评价时，针对速度横向变化相对稳定区域，采用解释标志层的双程旅行时形态与真实钻井深度趋势进行对比，得到两者的交会图，依此来验证长波长静校正。假如处理工区的地质构造为单斜形态，当地震资料的长波长静校正解决比较彻底时，两者交会图的散点收敛于一条线性直线，反之，则地震资料存在长波长静校正问题，通过资料处理往往难以直接消除。在速度横向变化相对稳定区域，或者井比较密集的开发区块，应用井资料校正地震的长波长静校正也是一种有效的方法。具体实施过程如下：

(1)收集整理工区实钻井资料，确定标志反射层的实钻深度，插值得到深度构造图，并由平均速度转换成时间域 T0 图；

(2)对地震数据进行解释，获得标志反射层位的双程旅行时，获得地震 T0 图；

(3)对钻井 T0 图和地震 T0 图做差，差值平面图与地表高程和近地表速度对比，在长波长分布的范围内，依据相关性进行编辑；

(4)编辑后的 T0 值作为长波长静校正量，应用到共中心点(Common Middle Point，CMP)校正量中。

图 1－1－6 是本区内一条使用传统静校正方法和采用一系列先进静校正方法后得到的叠前时间偏移剖面，可见新方法由于解决了长波长静校正问题，地震剖面的构造发生了明显的变化、资料信噪比和分辨率也相应提高，更符合真实的地质情况，较好地解决了构造保真问题。

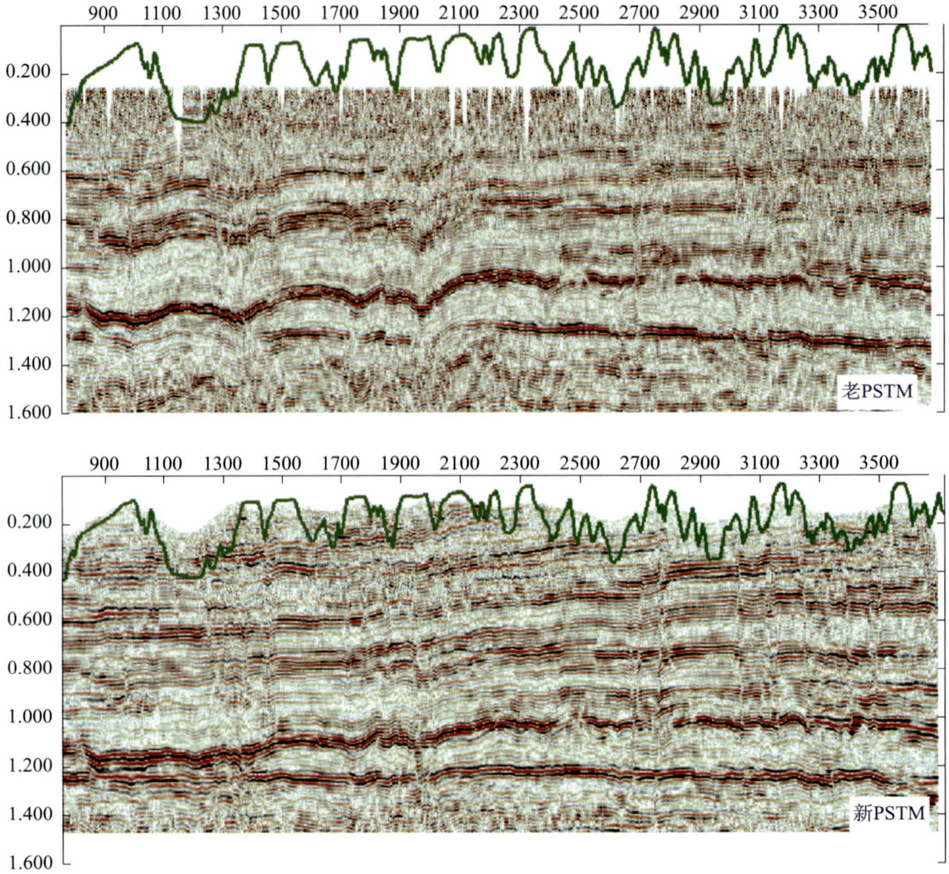

图1-1-6　长波长静校正前、后对比

4. 启示

地震剖面的振幅保真和构造保真与很多因素有关，在地表条件极为复杂、风化层厚度变化剧烈的条件下，我们必须首先考虑到静校正的影响，解决好静校正问题更利于解决振幅与构造保真问题。

著名地球物理学家Dix教授曾说，“解决好了静校正问题就等于解决了陆地地震勘探中几乎一半的问题”，由此可见，静校正问题在资料处理中的重要性。对于因为静校正解决不好引起的反射同相轴不成像、振幅失真、构造形态扭曲，必须选取恰当的静校正方法综合应用解决。对于复杂近地表探区，一种静校方法或一套静校正计算参数，往往不能适用所有地质情况，充分发挥不同静校正方法的优势，融合应用可以较好地解决静校正问题。剩余静校正也是提高资料信噪比和分辨率的非常有效的手段，蒙特卡洛剩余静校正方法常常会收到很好的效果。

案例 2：地震剖面保幅的去噪陷阱

1. 问题与现象

地震资料处理就是一个逐步压制各种干扰波，突出有效反射波的过程。资料处理过程中，通常要针对不同类型的噪声，使用各种针对性噪声压制技术，来提高有效波能量。但是在噪声压制过程中，如果不能正确判断有效波和噪声、去噪方法和参数使用不当时，就有可能伤害有效反射信号(特别是弱反射信号)，从而损失有效地震反射信息，改变有效反射信号的波形和振幅特征，给解释带来陷阱。

如图 1－2－1 是塔里木盆地某区块经过不同流程和参数处理的一条地震剖面。上图的剖面在叠前处理时使用了不合理的叠前随机噪声衰减去噪手段，偏移后碳酸盐岩顶面反射连续光滑，风化面以下缝洞体地震振幅没有明显的横向变化；下图的剖面是叠前随机噪声衰减方法和参数合理的叠前偏移剖面，可以看到风化面下出现非常明显的串珠(短轴强振幅)反射特征。该区多年的勘探实践已经证实，串珠是碳酸盐岩岩溶缝洞体的地震响应，是储层识别的关键信息，因此，上图剖面去除了串珠反射信息是不保真的，不符合地质规律。

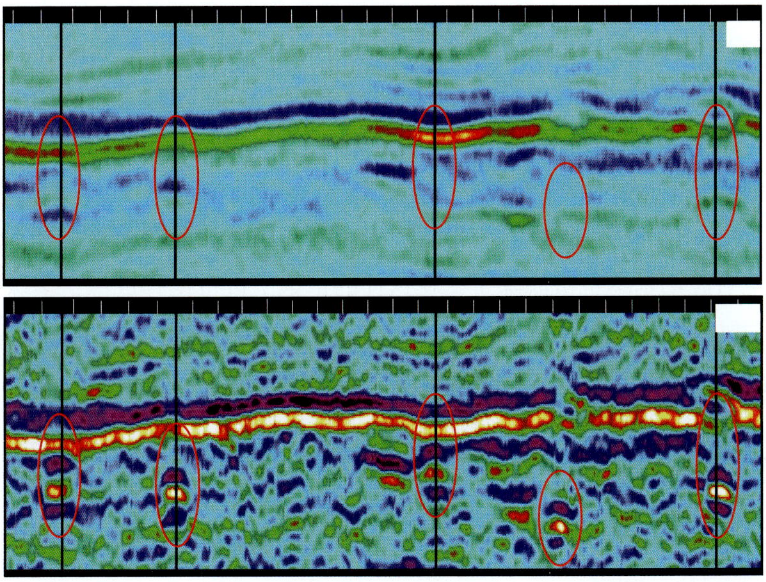

图 1－2－1　过度叠前去噪(上)与合理去噪(下)的碳酸盐岩反射特征

2. 原因分析

地震资料处理中，噪声压制的关键是准确区分信号和噪声。有的地震噪声特征与有效波区别明显，比如面波，其速度低频率低，比较容易识别，也比较容易实现信噪分离。但是在有些情况下，噪声和信号相互干涉，非常不容易区分，如果去噪方法和参数不准确，就会削弱有效波。

碳酸盐岩缝洞储层典型的地震响应是串珠反射，其准确成像依赖于完整的绕射波场。大量模型正演和生产实际证实，碳酸盐岩缝洞型溶洞型油气藏的地震波场主要由非均匀分布、大小形态各异的低速异常体所产生的强弱不同的散射(绕射)波组成，丰富的绕射波信息是这类储层显著的地震响应特征。绕射波能否准确成像与噪声压制是否合理有关。

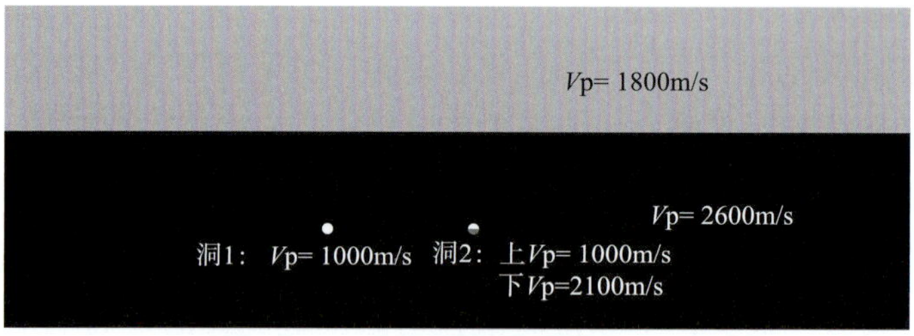

图1-2-2　碳酸盐岩缝洞体的模型

如图1-2-2为一个简单缝洞体的模型，上层速度为1800m/s，下层速度为2600m/s，背景速度中有两个缝洞体，左边缝洞速度为1000m/s，右边的缝洞分上下两层，速度分别为1000m/s和2100m/s，对该模型进行正演模拟，模拟的单炮如图1-2-3所示。从单炮(左图)可以看到除了地质界面的强反射外，两个缝洞体产生了点绕射，绕射波场比较复杂。图1-2-3中图为使用叠加速度线性动校正后的单炮，1800m/s速度和2600m/s的速度界面产生的强反射层校正比较平直，但是绕射波没有校平，说明绕射波是一种不同于反射波场的特殊的地震波场。绕射波比相应的反射波具有更低的视速度，波场更复杂，绕射能量也更弱，如果直接利用反射波处理方法处理绕射波将产生较大误差，需要特别加以关注。图1-2-3右图是采用常用的视速度滤波方法进行处理的单炮，我们可以看到，折射干扰波得到有效压制，反射波保留比较好，但是绕射波场基本也被滤除了，在这样的单炮上进行偏移成像，串珠就丢失了。

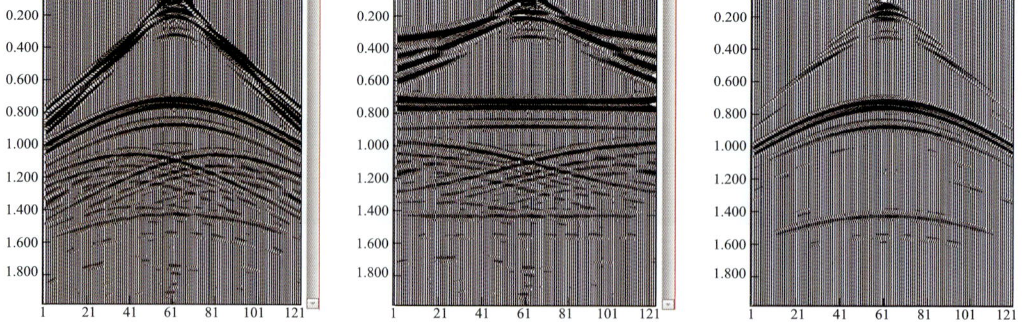

图1-2-3　模型正演单炮、动校正及噪声压制后

在动力学信息方面，国内很多学者的研究已经证实，缝洞体形状、大小、位置、迭合方式、充填改造形式等因素的不同，都会引起地震波动力学信息(振幅、波形、相位、频率)的改变，并形成特定的地震响应。保持这些特殊波的信息，是保真预处理的关键。

3. 解决方案

保幅、保真处理意味着在地震处理中保持反射波、绕射波原始真实的振幅、频率、相位特征。例如传统的自动增益处理(Automatic Gain Control，AGC)、时变谱白化、径向预测滤波、相干噪声衰减等虽然有很好的压制噪声效果，但由于改变了振幅的相对关系属于不保真处理。部分噪声压制方法，在针对面波、斜干扰、随机干扰、多次波等干扰进行压制消除时，由于选择参数、窗口不合理或者转换到不合理的数据域进行处理，往往会损伤有效信号，也造成振幅不保真。特别是弱绕射波等与岩性和储层信息相关的特殊波，在压制噪声的过程中，要使用能清晰区分有效波和干扰波的方法，保持反射波、绕射波等有效波场的振幅、频率、相位特征。

保真去噪一般遵循从强至弱，先相干后随机，多级信噪分离等原则，逐级提高资料信噪比，改善基础资料的品质。针对绕射波的特殊性，要更加谨慎地选择去噪方法，应该避免使用保真性比较差的各类方法。第一类方法是振幅调节类。这种方法通过调节有效波和干扰波的振幅值来降低干扰波的能量，在压制干扰波的过程中，破坏了有效波的相对振幅关系。第二类是简单的频率域滤波，比如为了压制面波，直接使用高通滤波，这样的结果是在压制面波的同时，对缝洞成像非常重要的低频有效信号也损失了。第三类是频率域反滤波，常用的有随机噪声衰减和径向预测滤波等，这类方法提高相干度高的信息，压制相干度低的信息，因为绕射波信号弱，相干度低，能量被进一步减弱了。第四类是二维视速度滤波。视速度滤波是压制线性干扰波最常用的方法，但是对于保真处理来说，需要特别注意参数的选择，只有当线性噪声非常规则，视速度非常稳定的情况下才能合理使用，如果视速度范围比较宽，则视速度滤波不能很好区分信号和噪声，在压制噪声的过程中，绕射和弱反射信号也会损失。

本案例中尝试了两种有利于保护绕射波的去噪处理技术，得到图 1－2－1 下图的效果，串珠清晰易识别，提高了地震剖面串珠的保真性。

(1)噪声模型减去法去噪技术。减去法噪声压制是依据地震波场传播原理和形成机理，正演模拟出噪声模型，然后从地震数据中自适应减去模拟的噪声模型。减去法噪声压制能直观地观测和监控噪声，在减去噪声的过程中，使用最小二乘减去法，不采用传统的数学变换，减少了混波效应对有效信号的伤害，不改变噪声外的信号的振幅，能确保噪声中不包含有效信号，是保真处理比较适宜的方法。见图 1－2－4、图 1－2－5。

(2)多维数据压噪方法。常规去噪一般在炮域进行，在检波点域、十字排列域和炮检距向量片(Offset Vector Tile，OVT)域等多域是发展趋势。在十字排列中面波、声波和折射的分布呈圆锥型，圆锥体的顶点位于十字排列道集的中心点处，线性噪声是从原点辐射出的直线，利用噪声的这一特点，可以设计实际三维锥形滤波器，实现真正的三维叠前滤波，压制在炮集里发生畸变而不易压制的线性噪声。OVT 域处理是近年来逐步流行的一种多维处理方法。地震数据分选到 OVT 域后，每个 OVT 片数据相当于一个单次覆盖数据，单个数据集的数据样本比较多，可以发挥统计算法的优势，更为重要的是，数据含有地质构造信息，可以进行三维去噪，十字排列域的各种去噪方法都能适应，而且去噪效果更加保真。

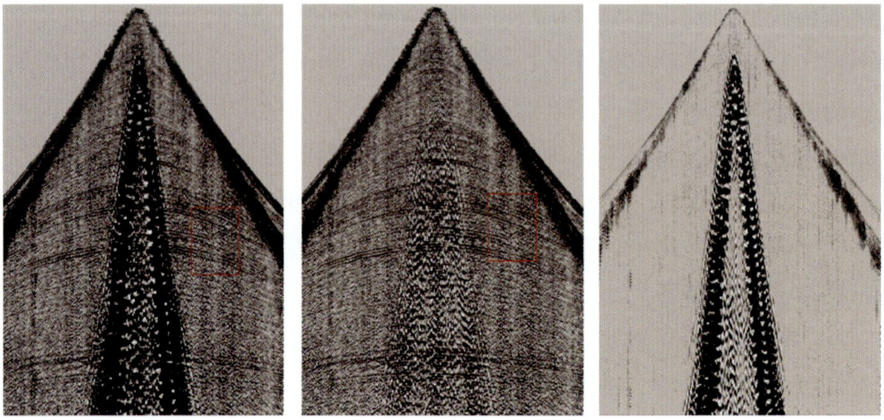

(a)去噪前单炮　　(b)去噪后单炮　　(c)残差

图 1－2－4　模型减去法去噪前后单炮对比

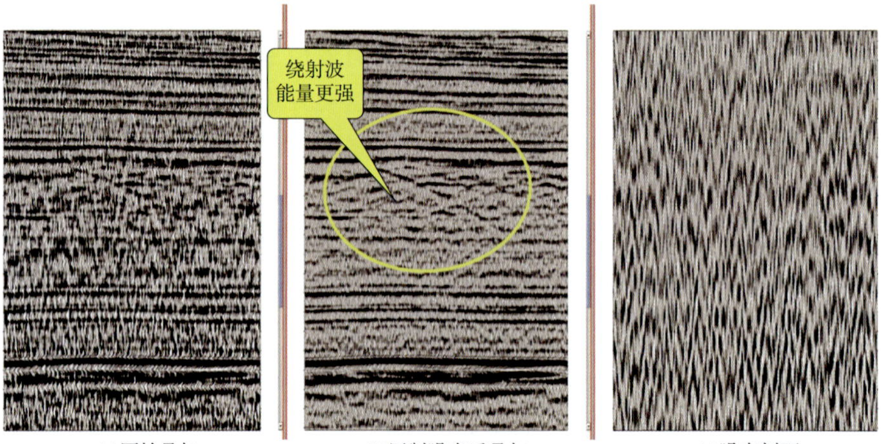

(a)原始叠加　　(b)压制噪声后叠加　　(c)噪声剖面

图 1－2－5　模型减去法去噪前后剖面对比

4. 启示

本案例对于特殊的绕射波场，应用保护有效波的去噪手段，为后续断裂和缝洞体成像提供真实、完整、丰富的原始波场信息，提高了缝洞和断裂的成像精度和保真性。反之，如果应用了本案例提到的四类不保真的去噪手段，不但会损失绕射波，严重时还会模糊断点甚至出现假连续性好的同相轴(本案例未给出图件)。因此，在地震去噪过程中，应尽量少用或不用那些损失有效信号的去噪方法，选用保真的去噪方法。

保真的地震资料去噪，要针对噪声的特征，选用适用的方法。首先需要详细地分析波场信息，正确识别有效波和干扰波，再采用细致的信噪分离方法去除干扰波，确保去噪过程中不损失有效波，这对于岩性勘探尤为重要；在叠前去噪技术方面，十字排列域成为噪声压制最常见和最有效的数据域，在十字排列域基础上发展形成的 OVT 域处理技术，是多维数据的噪声压制的一个重要发展方向，面波模拟、非规则采样线性噪声压制技术等新的去噪技术应该引起关注。

案例 3：深层构造保真的多次波干扰陷阱

1. 问题与现象

在富含火成岩、盐岩、煤层等强波阻抗界面的探区，其成像剖面上通常会出现不同程度的多次波同相轴，这些同相轴容易使解释人员对地下目标体产生错误的认识。图 1 -3 -1 为某工区的一张地震剖面，清晰可见地震反射波近平行、有较大的地层倾角，但是在深层背斜部位，波组关系复杂，断裂和有效反射波组特征不清；通过对比分析井旁地震道与测井合成记录(图 1 -3 -2)，可以看到在目的层 T74 附近，地震波组与合成记录没有较好的对应关系。分析认为，造成地震波组特征不清晰、断裂及构造认识不准确的实质是多次波干扰陷阱。

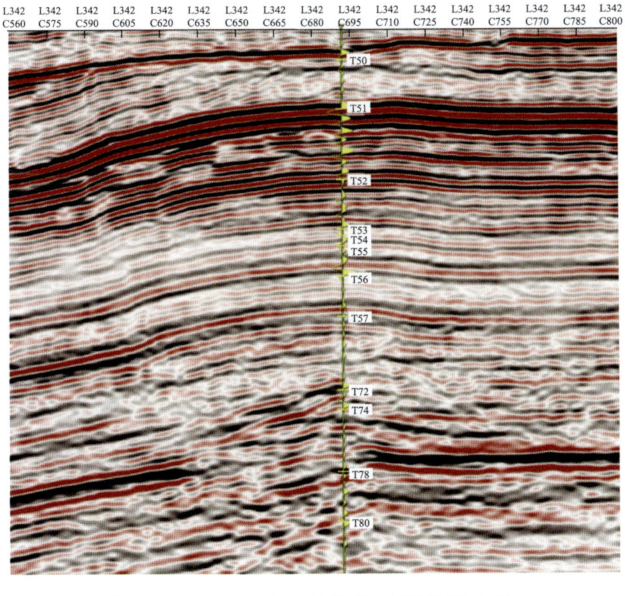

图 1 -3 -1　某工区叠前时间偏移剖面

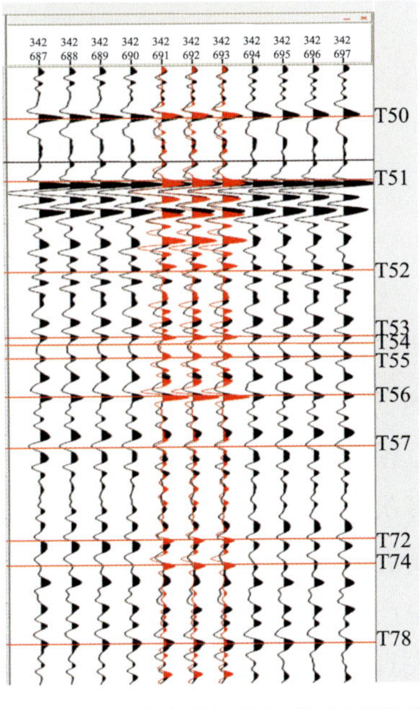

图 1 -3 -2　测井合成记录与井旁地震道对比

2. 原因分析

为了厘清构造假象产生的原因，首先对工区地震资料的道集和速度谱展开分析。从本工区速度谱上(图1－3－3)可以发现蓝框位置出现了明显的低于整体速度趋势的能量团，其对应旅行时的共反射点(Common Reflection Point，CRP)道集同相轴在动校以后仍然出现下掉的现象，这种现象与多次波在道集和速度谱上呈现出的低速特征高度一致。同时道集上出现上述异常现象的旅行时也与构造假象出现的时间是相同的，初步判定这种构造假象是多次波造成的。

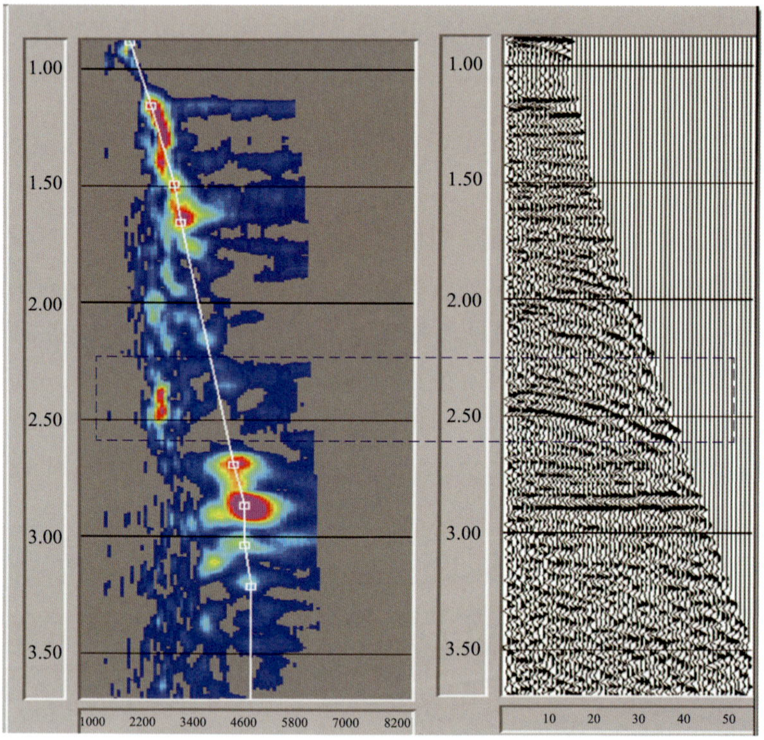

图1－3－3　工区典型位置速度谱(左)与对应的CRP道集(右)

为了验证基于道集和速度分析的初步判断，可以采用正演模拟技术。首先利用层位、断层解释和测井曲线等已有信息，建立在地层产状、断层构造、波阻抗等方面都接近于真实地下构造的复杂速度模型(图1－3－4)，需要注意的是模型与剖面所反映的信息越接近，预测的准确度就越高。其次，通过多次波可控正演模拟技术，正演模拟含多次波和不含多次波的地震炮记录，基于这些正演模拟数据进行偏移成像，得到与实际地震成像剖面高度近似的正演数据偏移剖面，即为图1－3－5。通过对比分析，可以确定在大倾角构造部位产生了较为明显的多次波干扰，造成目标区地震成像的构造假象，导致地震剖面的构造失真。

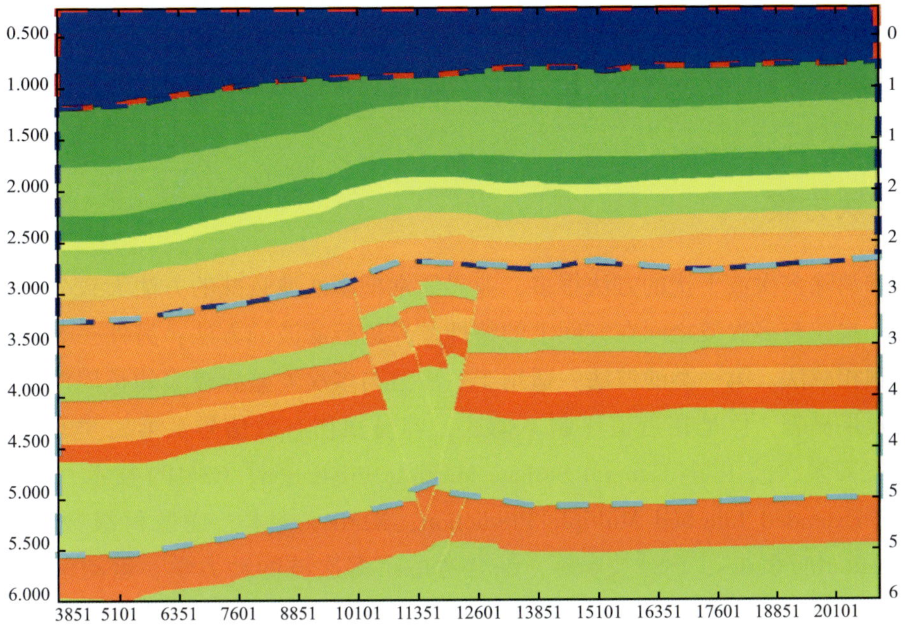

图1－3－4　案例工区正演速度模型

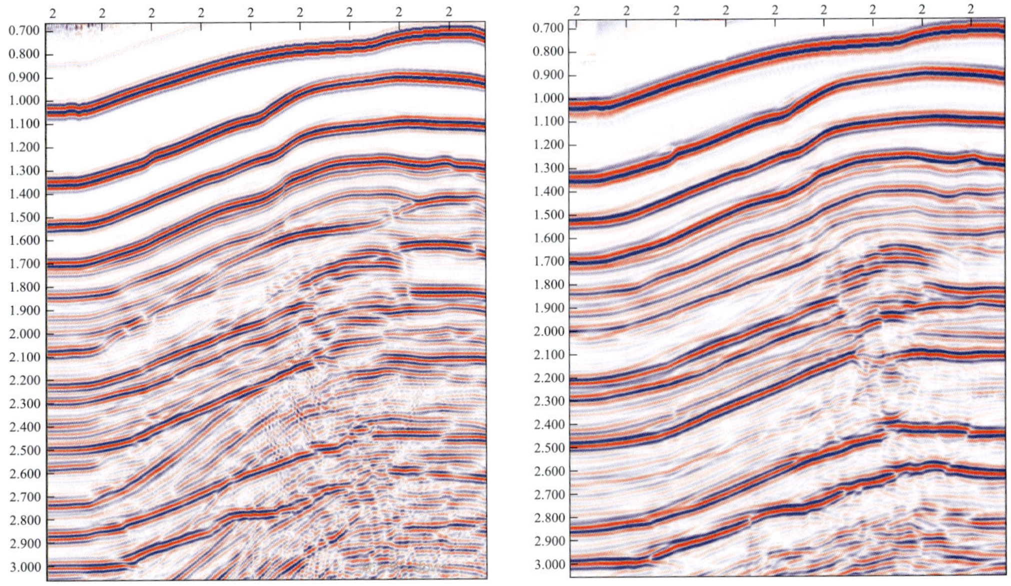

(a)含多次波　　(b)不含多次波

图1－3－5　有无多次波正演模拟偏移剖面对比

多次反射波是地震勘探中常见的干扰波，多次波发育的先决性条件是探区内存在强波阻抗界面。根据最浅部下行反射界面的位置，主要分为两类，即自由表面多次波和层间多次波，其中自由表面多次波通常表现为长周期特征，相对容易识别；而层间多次波主要是地下强反射界面(如基岩面、煤层、火成岩、盐岩等)之间的反射，周期短、隐蔽性强、识别困难，因而难以有效压制。在研究区目的层附近，发育火成岩层，存在灰岩和砂泥岩的不整合面，这两个界面反射系数大，使得层间多次波发育严重，导致了目标区构造假象的产生。地震处理时必须将多次波干扰消除，才能得到符合真实地下地质特征的高保真成像剖面。

3. 解决方案

压制和消除多次波干扰的方法很多，业界通常把多次波衰减的方法大致分为两类：一类是基于一次波与多次波之间在空间上的特性差异进行滤波的方法；另外一类是基于波动理论的预测相减法。第一类滤波法，适用于一次波与多次波差异较大的长周期多次波，在远道压制效果显著，但是在近道压制不彻底，容易损伤有效信号。第二类预测相减法，包括广义表面多次波压制（General Surface Multiple Prediction，GSMP）技术、广义层间多次波压制（Extended Interbed Multiple Prediction，XIMP）技术、逆散射级数多次波压制（Inverse Scattering Series，ISS）技术等，综合考虑了多次波的动力学、运动学特征，排除了滤波法的局限性。这些方法，不大损失有效波，更适用于一次波与多次波差异不大的多次波，因此，这类方法也是目前业界多次波处理的主流趋向。

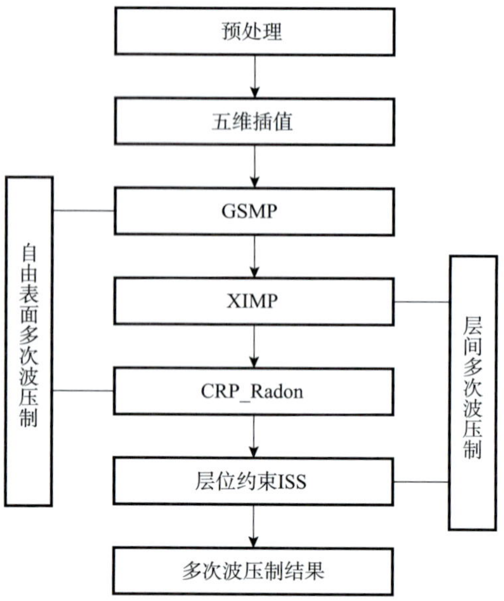

图 1－3－6　案例工区多次波组合压制技术流程

针对本案例工区多次波特点，前期经过了大量多次波压制方法的应用测试，制定出适合本工区的多次波压制方案：以逆散射级数压制技术为核心的多级多方法多次波压制实用化技术系列，在叠前叠后地震数据上通过多域、多方法的组合应用与迭代，逐级、逐步实现多次波的有效压制，如图 1－3－6 所示。在保护有效波的前提下，首先对地震资料进行预处理和五维插值规则化，为多次波压制提供可靠的地震资料，其次利用 GSMP 和 Radon 对自由表面多次波进行压制，最后再利用 XIMP 和 ISS 压制层间多次波，有效消除了目的层多类型的多次波干扰，提高资料信噪比，突出目的层响应特征，较好地解决了地震资料目的层构造假象问题。

利用上述技术系列处理后，工区目的层多次波干扰得到有效消除，对比压制后偏移剖面（图 1－3－7）与压制前剖面（图 1－3－1）可以看出，压制后剖面的地震波组连续性更好，构造形态有明显变化，通过实际钻井与合成记录对比，波组特征及构造与实际更吻合。

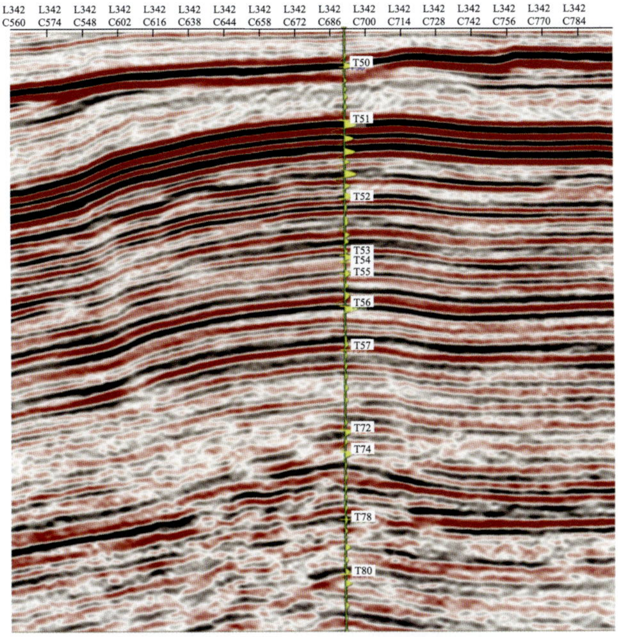

图1－3－7　多次波压制后的偏移剖面

4. 启示

多次反射波是地震勘探中常见的干扰波，多次波发育的先决性条件是探区内存在强波阻抗界面。因此，在地质研究的目标层上方富含火成岩、盐岩、煤层等强波阻抗界面时，我们必须想到地震反射同相轴可能会受到上覆地层的多次波混叠，造成地质构造假象。如果此类情况的地下目标体反射不清晰或杂乱，一定要考虑是否存在多次波干扰的陷阱。

多次波的类型多、压制方法也多，对于复杂的层间多次波，有时单一方法很难奏效。对于不同地质条件的多次波，在压制方法的应用上要有一定的针对性和策略性。本案例给出了一个多次波压制的有效方案，首先通过应用全波场正演模拟及多次波正演模拟技术，明确研究区多次波类型及其产生机理，再利用针对性的多角度多域多次波压制技术系列，在不损伤有效信号的基础上压制多次波，从而避免多次波导致的地质认识陷阱。

案例4：地震振幅保真的能量补偿陷阱

1. 问题与现象

地震振幅信息是地震波最基本也是最重要的信息，当地层岩性变化或含流体不同时会引起地震振幅属性的变化。因此，当我们利用地震反射振幅进行隐蔽油气藏识别时，地震振幅的保真度尤为重要。如果地震处理时没做好能量补偿处理，就不能有效去除非储层岩性因素造成的地震振幅的变化，导致地震解释的陷阱。

在地震资料处理过程中，一是保持储层岩性变化引起的振幅、频率和波形的变化，用于波形属性分析和油气预测；二是保持成像道集中的 AVO/振幅随入射角变化(Amplitude Variation with incident Angle，AVA)关系，用于反演得到反射界面两侧的弹性参数[纵横波速度、密度、品质因子(Quality factor，Q)等]，然后基于岩石物理分析得到储层参数(如孔隙度、渗透率、含油饱和度等)。但是在实际地震勘探中，经常遇到地震处理环节没有很好地消除采集因素、上覆地层等因素的影响，或者破坏了地震振幅与地层结构之间的对应关系，导致振幅反演、AVO 分析都不能得到正确结果的现象。

如图 1－4－1 是黄土塬地区典型地震叠加剖面，图中可见地震反射波能量横向变化非常剧烈，而实际上本区沉积非常稳定，说明地震振幅已经严重失真，如果在这种资料上开展地震叠前叠后反演、储层预测等工作，不可能得到准确的预测结果。

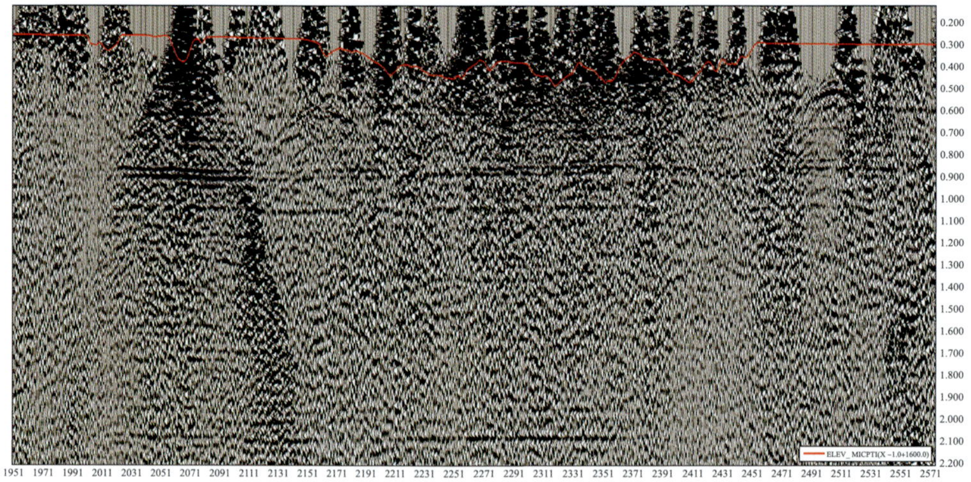

图 1－4－1　黄土塬地区叠加剖面振幅不均现象

图 1－4－2 是塔里木盆地某探区的一条地震剖面，图中超深层碳酸盐岩大套反射段反射能量横向变化较大，而实际的钻井和地质研究表明，探区内碳酸盐岩为稳定环境的海相沉积，岩性稳定，反射系数横向变化不大，由此推断能量强弱明显的变化可能不是真实的地震反射特征，必须找出原因，利用恰当的处理方法，消除这种地震反射能量的假象。

2. 原因分析

1)黄土塬地区地震资料能量横向不均匀的原因

通过分析认为：黄土塬地区引起地震资料能量横向不均匀、振幅失真的原因主要有两个方面：

一是由于地表因素引起的振幅差异。图 1－4－3 是图 1－4－1 对应的地震原始单炮，在黄土塬地区，地表高程、黄土的厚度和含水率变化很大，不同位置激发的地震单炮，向

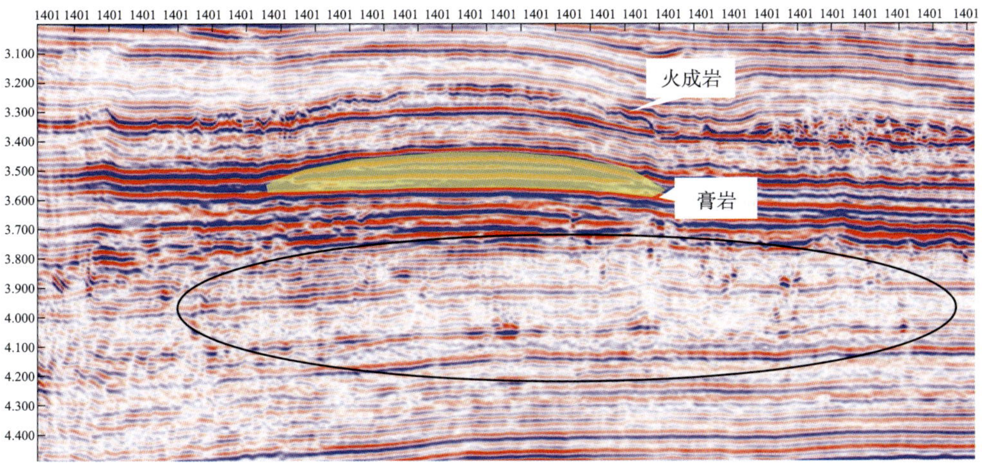

图 1－4－2　碳酸盐内幕反射能量不均现象

下传出的能量差异巨大，单炮能量极度不均匀。在接收端，黄土的吸收和散射作用强烈，不同位置的接收能量也差别很大。一般情况下，塬上和半坡能量低，沟底能量强。这种由于地表和采集因素引起的能量异常，并不是地下反射的真实信息，处理过程如果不消除这类影响，许多假信息就会出现在地震处理成果中，从而引起岩性解释的错误。二是由于静校正没有做好，这个原因在案例 1 中已经分析过，在此不做赘述。

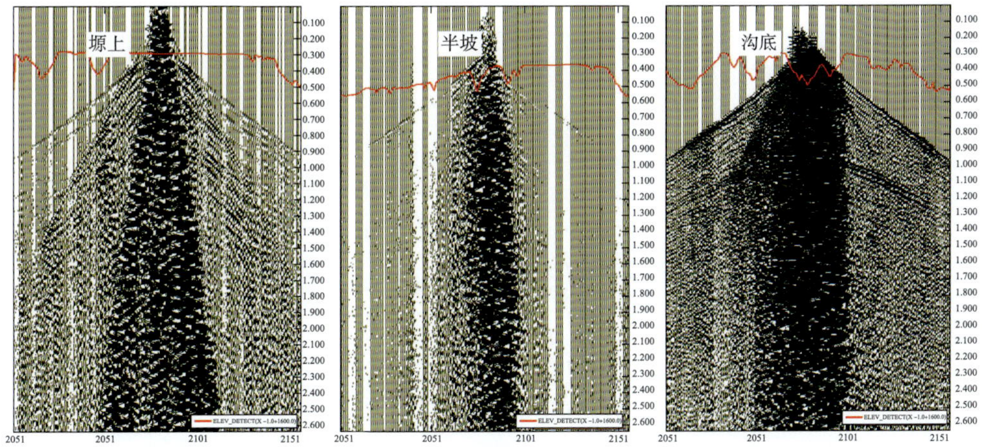

图 1－4－3　黄土塬塬上、半坡和沟底单炮

2) 超深层碳酸盐岩大套反射段能量强弱横向变化明显的原因

分析图 1－4－2 的碳酸盐内幕反射能量不均现象，我们注意到在反射能量弱区域的上方，存在膏岩、火成岩等特殊岩体分布，火成岩和膏岩速度远高于围岩，厚度的分布也是不稳定的，其对地震波反射能量的传播有较大的影响。当地震波通过这些特殊岩性体时，地震反射波能量增强，向下的透射波能量相对减弱，对下伏地层地震信号有很强的屏蔽作用，造成下伏地层能量弱，信噪比低；同时，火成岩也伴随着强的转换波出现，使得波场复杂化。在这种情况下，下伏地层的振幅能量不能真实反映地层反射系数，利用这种资料

就会得到错误的振幅属性结果，不能正确反映地下储层的变化，需要进行振幅补偿处理。

3. 解决方案

不同原因引起的能量失真问题，需要根据引起能量失真的原因通过不同补偿方式解决。由于地表因素引起的能量差异，可以通过地表一致性补偿等方式解决。强能量屏蔽问题可以通过多种手段合理补偿向下传播能量的方法来保持振幅特征。

1) 地表因素引起的能量失真的补偿

针对地表因素引起的能量失真现象，建议采用地表一致性振幅补偿的办法，该技术可以消除由于地表激发、接收条件的不一致性引起的地震波振幅变化，该技术以地表一致性方式对共炮点、共检波点、共偏移距、共中心点道集的振幅进行补偿，有效地消除各炮、道之间非正常能量差异，使振幅达到相对均衡、保真。处理过程中，建议与噪声压制步骤进行多次迭代。

图 1 –4 –4 是图 1 –4 –3 应用地表一致性振幅补偿后的单炮，补偿前炮间、道间能量极度不均匀，补偿后，炮间、道间能量趋于一致，经过地表一致性振幅补偿，原来塬上、半坡和沟底单炮能量不一致的问题得到消除。图 1 –4 –5 则是图 1 –4 –1 对应的叠加剖面，较好解决由于激发及接收因素不同造成的空间能量不一致现象，叠加剖面上的能量也较为均匀。

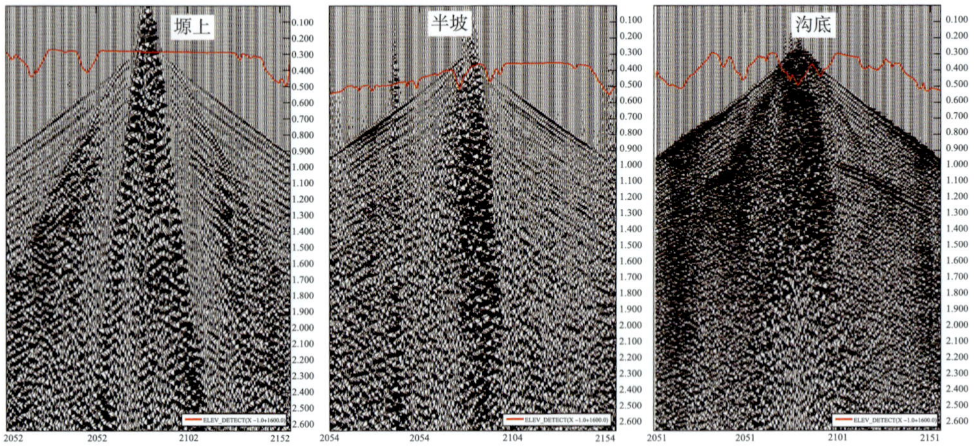

图 1 –4 –4　地表一致性振幅补偿后单炮

受多种因素影响，地表一致性振幅补偿后，叠加剖面上有时还会存在能量不均匀的现象，需要采用剩余振幅补偿技术进一步补偿资料的能量不一致问题。由于共中心点道集中缺少某些偏移距，造成剩余振幅补偿难以取得好的效果，实际应用中需要结合数据规则化解决。图 1 –4 –6 为数据规则化后进行剩余振幅补偿的效果，可以看到，数据规则化后剩余振幅补偿基本解决了能量一致性问题。

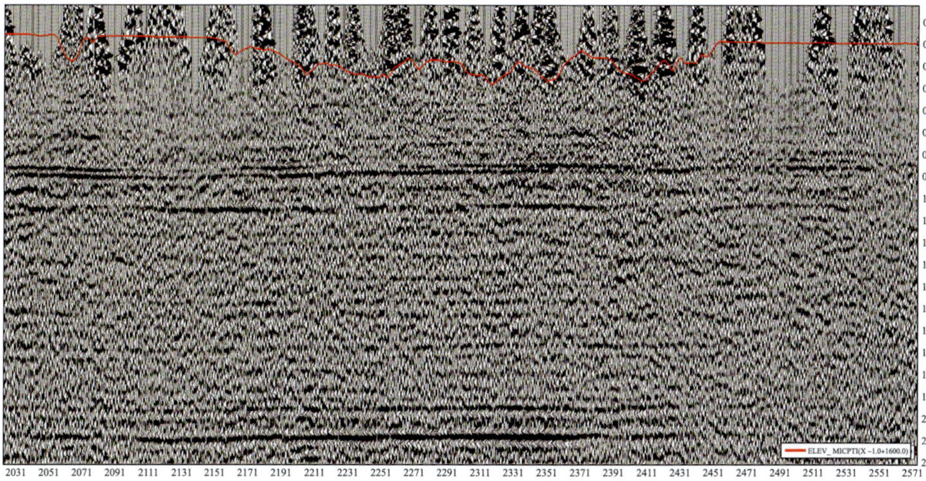

图 1－4－5　地表一致性振幅补偿后叠加剖面

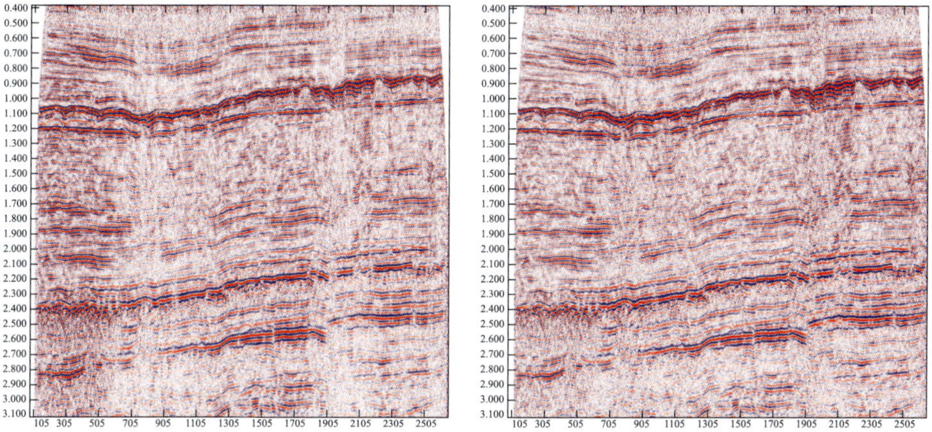

(a)常规剩余振幅补偿　　(b)规则化后剩余振幅补偿

图 1－4－6　传统剩余振幅补偿和数据规则化后剩余振幅补偿剖面对比

2)特殊岩体屏蔽消除与能量校正

对于类似于膏岩和火成岩屏蔽，目前使用的是井震结合的火成岩识别、刻画与成像相结合的方法。这种方法首先依靠井资料获得探区的火成岩岩性、岩相、速度、厚度等基本信息，再从地震波反射透射基本原理出发，用波动方程地震模拟技术，正演出探区火成岩地层的反射、透射能量，分析不同火成岩分布模型对下伏地层地震信号的屏蔽作用，从而进行针对性的低频补偿与振幅校正，必要时应用速度建模与逆时偏移等方法来改善岩下成像质量。

时频域能量补偿和优势频带能量增强技术是两种常用的叠前屏蔽补偿方法。时频域能量补偿通过对数据时频分解，拟合各频段的吸收衰减函数，在时间—频率域内综合补偿各频段的数据并进行数据重构。优势频带有效能量增强技术，假设地震记录由地震反射系数与等效地震子波褶积表示，在频率域表示为子波谱与反射系数谱的乘积。任何地震资料都有其自身的优势频率范围，针对地震资料的有效优势频带，设计一个零相位加权滤波器对该频带进行加权滤波处理，增强优势频率，相对压制无效信息。优势频带加强后，中、深地层的反射信号得到了相对加强。图 1 -4 -7 是能量补偿前后的剖面对比，膏岩层之下能量得到合理的补偿，串珠也更加清晰。

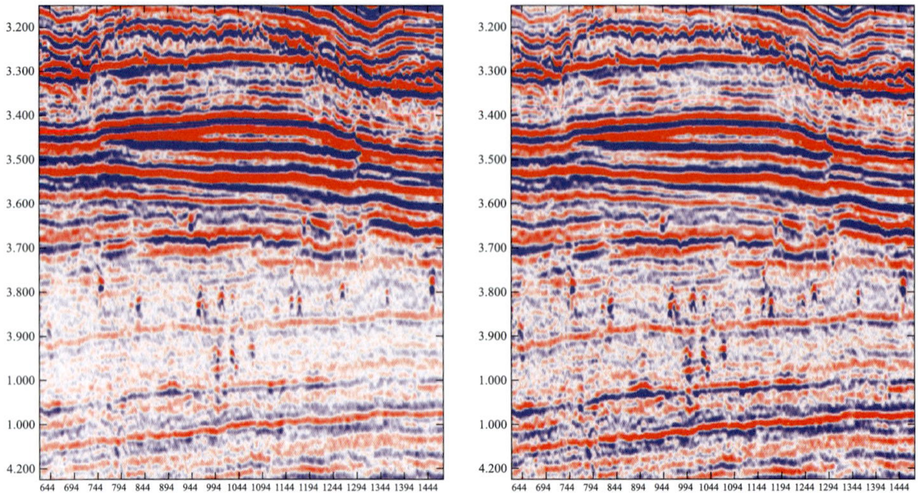

(a)能量补偿前成像　　(b)能量补偿后成像

图 1 -4 -7　火成岩及膏岩发育区能量补偿前后成像剖面对比

3）不同成像算法的选择

不同成像算法对受屏蔽影响区成像效果差异较大，火成岩、盐丘、膏岩的屏蔽作用类似，均是由于地震波传播中能量的衰减导致下伏波场能量弱造成的，因此采用波动类偏移成像（散射波动方程、逆时偏移、全波形反演、最小二乘偏移）结果会有所改善。大偏移距勘探不利于火成岩发育区下伏地层纵波信息接收，但是有利于横波的接收。针对大规模火成岩分布区域，应采用小偏移距进行激发接收；针对小规模火成岩分布区域，增大偏移距可以使反射波避开火成岩，也可以提高火成岩下伏地层地震能量。对长排列宽方位数据，进行全方位各向异性速度建模，再采用最小二乘等波动方程成像方法，可以获得下伏地层保真度高的成像。图 1 -4 -8 是火成岩及膏岩盐下克希霍夫积分法（射线类）与照明补偿逆

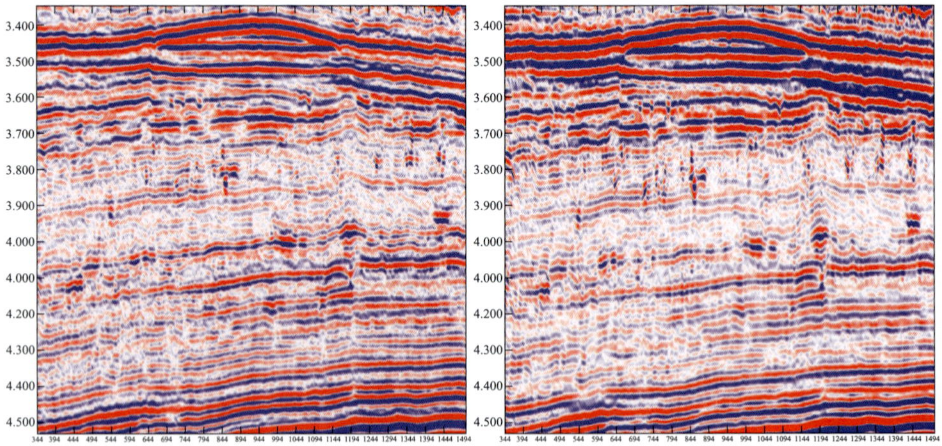

(a)克希霍夫偏移　　(b)逆时偏移

图 1 -4 -8　火成岩及膏盐岩下克希霍夫积分法与照明补偿逆时偏移比较

时偏移(波动类)的比较，从图中可以看出，右图逆时偏移火成岩下伏地层的成像能量增强，缝洞体更加聚焦。

4. 启示

利用地震波振幅属性进行储层岩性或流体识别时，必须关注地震波振幅的保真度。地震波振幅的变化与多种因素有关，必须有效去除非储层岩性因素造成的地震振幅的变化，以避免地震振幅属性解释陷阱。

由于地表激发、接收因素引起的地震振幅差异，需要与噪声压制步骤一起进行多次迭代补偿，逐步解决能量不一致性问题；叠前数据规则化也能够进一步消除剩余振幅不一致问题。

膏岩和火成岩对下伏地层能量屏蔽比较严重，时频域能量补偿和优势频带能量增强技术是两种常用的叠前屏蔽补偿方法，同时，还要结合偏移成像的过程，通过高端偏移算法中的能量补偿和照明补偿来解决火成岩和膏岩屏蔽问题。

案例 5：地震振幅保真的提频陷阱

1. 问题与现象

随着地震勘探从浅层走向中深层、超深层，地下地质构造越来越复杂，勘探目标越来越小，对小地质体识别精度要求越来越高。解释人员对地震资料分辨能力提出了极高的要求，因此在资料处理中需要通过各种技术手段不断地压缩地震子波提高地震资料的主频和拓展频带宽度以提高地震资料的分辨率。但受地震原始单炮频带宽度、主频等固有特性和拓展频带方法的限制，过高地提高地震数据的分辨率会破坏反射波组的特征，影响振幅能量属性，甚至改变地层接触关系，引起反射波组假象，得出一些错误的地质认识，不但不能正确判识小地质体边界以及地层间的接触关系，反而陷入提高分辨率不当引起的振幅陷阱。

图 1－5－1 是塔里木盆地某区两种不同分辨率数据与钻井位置对比图，左侧图是正常分辨率的地震剖面，图中显示钻井钻遇储层边界。右侧图是过度提频的地震剖面，串珠特征呈现塔状多套地层，在这张图中钻井轨迹显示为在储层外面，没能钻遇储层。中间图是正常分辨率数据和过度提频数据两个标定后串珠的平面投影叠合及钻井位置图。从图中可以看出：不同频率地震数据在地质标定后的地质体的尺度和大小是不一样，地质体的边界有明显的差异。如果使用过高分辨率的数据定井，将导致钻井偏离目标，不能有效钻遇储层，带来定井风险。

除该井外，在该目标区多个钻井资料统计中，存在多口在提频数据基础上设计的钻井轨迹，在实际钻探中存在类似本案例的偏离现象，导致这些现象的根本原因就是基于不合理的高分辨率地震资料的储层预测结果有误差。因此，不合理的提频或者过高的提高分辨率数据会带来地震振幅保真的提频陷阱。

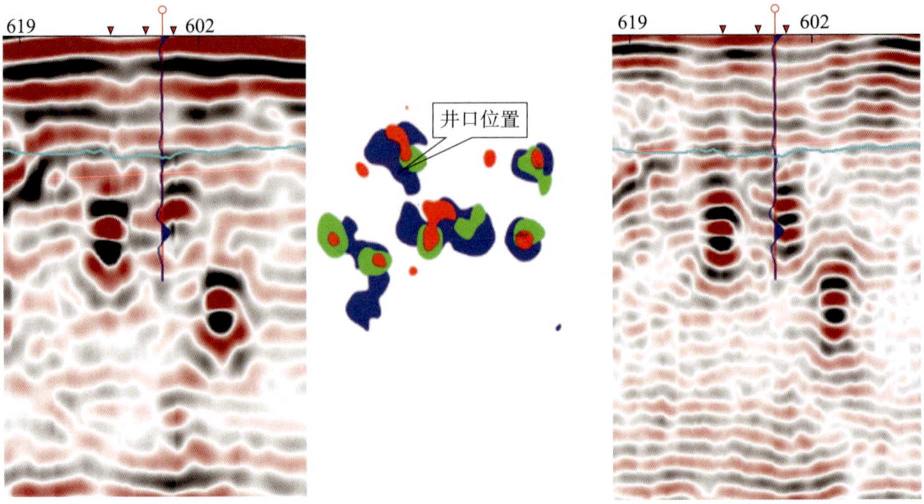

(a)正常　　(a)提频过高

图1-5-1　塔里木盆地某区不同两种分辨率数据与钻井位置对比图

中图为对应左右图标定串珠的平面投影叠合及钻井位置，
蓝色为正常频率储层，绿色为落实储层，红色为提频过高储层

图1-5-2是四川盆地某区地震资料提频前后剖面对比图，该工区主要储层位于2500~2600ms之间三叠系雷口坡组地层，左侧是常规处理地震剖面，分辨率有些低，但波组特征符合该区地质沉积规律，右侧剖面是采用叠后频谱拓展进行提频的剖面，可以看出在目标储层位置出现许多强反射轴，这些强反射轴明显不符合该区地质沉积规律，导致这个现象的主要原因是提频过程中采用了不合理的参数，没有考虑地下反射界面的真正反射特征。过高的提高分辨率会带来波组特征的畸变，导致地震振幅失真。

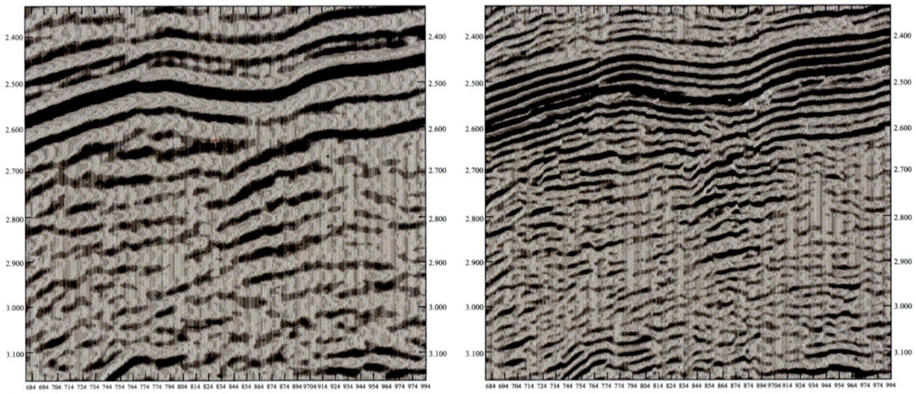

图1-5-2　四川盆地某区地震资料提频前后剖面对比图　（左图：正常　右图：提频过高）

2. 原因分析

地震资料分辨能力与原始数据主频和频带宽度等固有特征息息相关。常规提高分辨率

的方法主要为各种类型反褶积方法压缩地震子波和吸收衰减补偿高频成分。反褶积方法通过压缩地震子波来提高地震数据垂向分辨率，消除子波旁瓣影响。理想情况下，在最后地震道上仅仅保留地下反射系数，吸收衰减补偿能够补偿地震波在传播过程中高频能量的损失和相位畸变。但实际情况往往是输入数据不能完全满足反褶积的基本假设条件，如地表一致性反褶积需要子波的最小相位、子波时不变、反射系数白噪等，造成反褶积效果达不到理想要求。尤其是对于深层、超深层地下反射信号，由于干扰波能量强，几何扩散和地层吸收等多重因素的叠合影响，使得数据反射信号更加复杂，子波一致性更差，提高分辨率更加困难。分辨率和信噪比是相互制约的，由于实际的资料不可能没有噪声，反褶积方法将分辨率提高的同时，把有些频段(主要是高频和低频端或者异常振幅能量)的噪声也进行了放大，特别是为了大幅提高分辨率，采用不合适的反褶积参数，使资料的信噪比整体下降。另外，对于带限的地震信号，反褶积只能在有限的频带范围内提高分辨率，不能完全实现其初衷，得到真实的反射系数序列。

在吸收衰减补偿时我们应该考虑到波传播过程中由于球面扩散和地层吸收造成的高频损失，目前的能量补偿方法仍不完善，没有考虑地下介质各向异性和非弹性特点，导致能量补偿效果不是太理想。

现在提高地震资料分辨率的方法直接用数学计算的方式增加高频能量，同相轴被硬性分开，形成了多套地层，违背地质规律，超出了地震信号本身的信息边界，就会次生出明显的假波场组合，在剖面上形成假的同相轴。如图1－5－3是鄂尔多斯盆地某区井旁的原始低频、正常提频和过度提频的地震数据与测井合成记录标定对比，图最左侧是测井曲线，向右是23Hz雷克子波合成记录与原始低频数据对应图，该合成记录与井旁数据相似

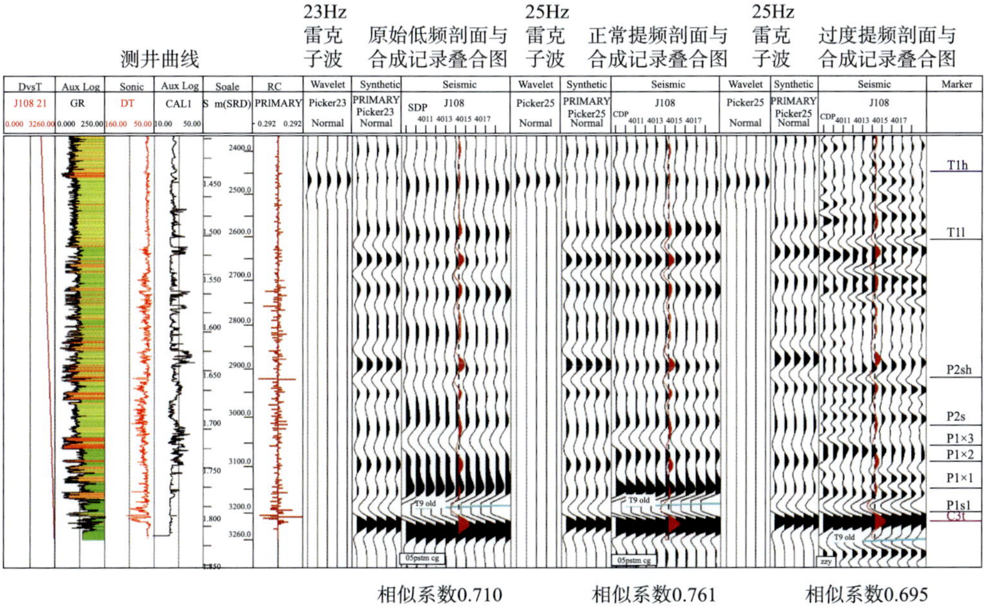

图1－5－3　鄂尔多斯盆地某区频率过低、正常频率、提频过高地震数据与测井合成记录标定对比

系数是 0.710，再向右是 25Hz 雷克子波合成记录与正常提频数据对应图，该提频方法合理，合成记录与井旁数据的相似系数是 0.761，最右侧是 25Hz 雷克子波合成记录与过度提频数据对应图，该提频方法不合理，合成记录与井旁数据相似系数是 0.695，由此可见，过度提频会产生假频，不能反映地下真实的反射特征。

3. 解决方案

根据前面分析，提高分辨率要避免引起假频干扰，避免虚假信息掩盖真实地下地质现象。提高地震资料分辨率过程中要根据地震资料特点和地质目标需求，选择合理的方法和参数。常规地震资料处理中，建议采用循序渐进逐步提高分辨率的方法，包括近地表 Q 吸收补偿、反褶积压缩地震子波、道集域频带拓展、Q 偏移补偿高频、叠后频带拓宽和提高主频等。并且经过多年实践验证，Q 补偿、反褶积、叠前道集域分频、叠后频带拓宽等提高分辨率方法在参数选择应用和流程组合方面已经比较成熟，在提高分辨率过程中秉承遵循地球物理原理的方法，合理选择不同提频方法和参数，能保证地震资料不会出现假反射轴。

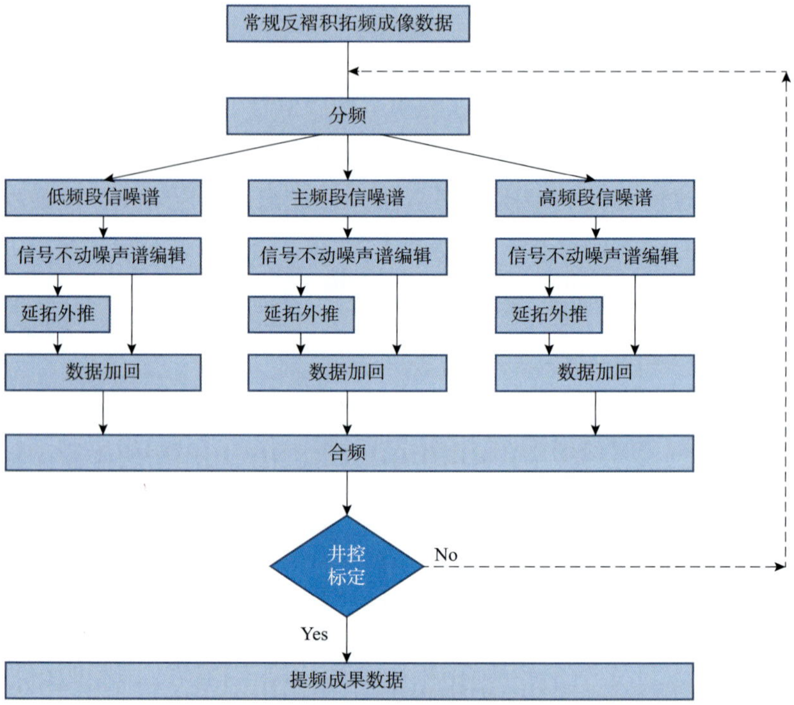

图 1-5-4　基于叠前分频成像的提高分辨率方法思路

提高分辨率过程中，叠前道集分辨率提高尤其重要，叠前道集域分频处理是一种近几年发展起来的道集域有效提高分辨率的方法，在得到高分辨率叠加剖面同时得到高分辨率的叠前偏移道集用于叠前多属性预测。

叠前分频提高分辨率方法实现方法如下：第一步通过小波变换将叠前地震数据，分别劈分成不同频段的频率域数据。第二步分别对各个频段数据进行信噪谱分析。第三步根据谱分析结果，分别将各频段谱中的噪声谱和信号谱分离，然后对分离的噪声谱中异常值进行编辑删除，再对编辑后的信号和噪声谱逐个频段进行延拓外推。第四步把信号谱和噪声谱合成，生成谱编辑后的数据。第五步将谱编辑后的数据分别进行小波变换反变换，输出谱编辑后的时间域地震数据，就是分频提频结果。第六步根据相邻井资料对该数据进行标定，如果标定不合适，重复上面循环。如果合适，则输出最终结果。第七步将经过标定后确认提高分频合适的地震数据输出结果。

经过叠前道集域分频提高分辨率处理后，得到的数据分辨率更高，且经过井曲线标定约束，没有假的反射同相轴。

图 1 -5 -5 是塔里木盆地某工区地震资料经过叠前道集域分频提高分辨率前后偏移成像成果对比，左右两剖面分别是应用叠前分频提频方法前后偏移成果剖面，从剖面可以看出，提频后目标体串珠(时间 3450 ~ 3550ms)分辨能力明显提高。图 1 -5 -6 也是该区应用叠前分频提频方法前后偏移成果剖面放大显示对比，可以看出提频的成果剖面串珠明显收敛，分辨率明显提高。

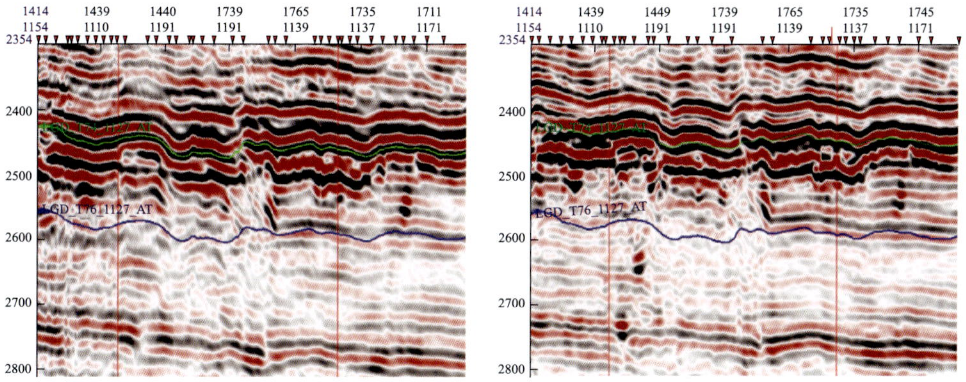

(a)提高分辨率前　　(b)提高分辨率后

图 1 -5 -5　分频提高分辨率技术应用前后剖面对比

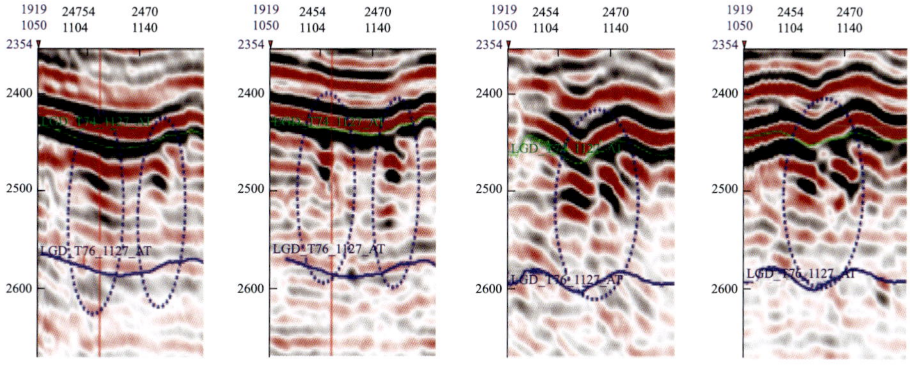

(a)提高分辨率前　　(b)提高分辨率后　　(c)提高分辨率前　　(d)提高分辨率后

图 1 -5 -6　分频提高分辨率技术应用前后剖面对比

4. 启示

提高地震资料分辨率是地震勘探一直追求的目标，有很多处理手段可以有效提高地震资料的分辨率。在拓频处理中，要根据地质目标需求和原始资料特点选择适用方法组合，并做好参数测试，进行合理的提频，提频的效果以与井旁合成地震记录相关性好为准则，避免提频不足和过度提频。

一般常用的叠前提频手段是保真的，可以普遍应用，叠后有些纯数学算法的提频手段容易过度提频，要谨慎应用。

道集域数据频带拓展和提高主频方法是发展的方向，它能够提供高分辨率的成像道集和叠加成果，有利于后续叠前储层预测研究。

第二章

深层复杂地质构造成像陷阱

地质构造解释与圈闭落实是油气地震勘探的重要基础工作，其解释精度很大程度上取决于地震剖面的可靠性。上一章节从地震保幅保真处理方面阐述了一部分影响地震剖面质量的常见陷阱，然而影响地震剖面质量的陷阱还有很多。在勘探早期，由于二维地震资料的测线稀疏或三维地震资料的面元较大，常常遇到构造高点不落实导致勘探失利的问题。即使进入勘探成熟期，由于地表、地下地震地质条件复杂，地震资料会因为不恰当的预处理、速度建模、偏移成像等，导致地震资料出现假断裂、假构造形态，并且解释时无法给以正确的校正，导致构造认识出现偏差、勘探井失利。

本章节列举了 6 个与构造勘探陷阱相关案例，它们或与地震的测网密度或与三维采集面元大小有关，或与偏移成像的速度分析和速度建模有关，或与偏移方法的不适应有关，或与地震方位各向异性有关，这些均会导致最终构造形态和深度预测与实钻出现偏差，特别是在近地表结构复杂和地下构造复杂地区，对后续钻井位置、钻井轨迹设计、储量估算等造成严重影响。

在本章的案例中，剖析了形成构造陷阱的原因，并根据目前的技术水平和现状，优选方法、修正参数，提出了针对类似陷阱的解决思路与方案。需要进一步说明的是，构造陷阱可能不仅是单一原因所致，也可能是包含上一章节静校正在内的所述多种因素的组合叠加，在此展示的案例只是逐一剖析了某一单因素的主要陷阱，比如速度建模不准确、基准面和替换速度选取不合适、偏移方法不适应等，希望能在所涉及的方面引以为戒。在实际工作中，也许会遇到多因素的组合，可以把解决单因素陷阱的方案进行组合应用。

案例 1：复杂地质构造解释的地震网格陷阱

1. 问题与现象

鄂尔多斯盆地某勘探区块，在油气勘探早期首先部署了 4km × 4km 大网格的二维地震勘探，希望尽快查清该区的构造格局。由于施工参数选择合理，获得的二维地震剖面品质较好，波组齐全，层位追踪与构造解释进行顺利，解释得到主要目的层的构造形态图件（见图

2－1－1)，并落实北北西向断裂一条，落实规模较大的鼻状背斜构造2个，首钻的W－3和D4两口钻井部署在构造高点，取得了油气突破，进一步增强了该区油气勘探的信心。

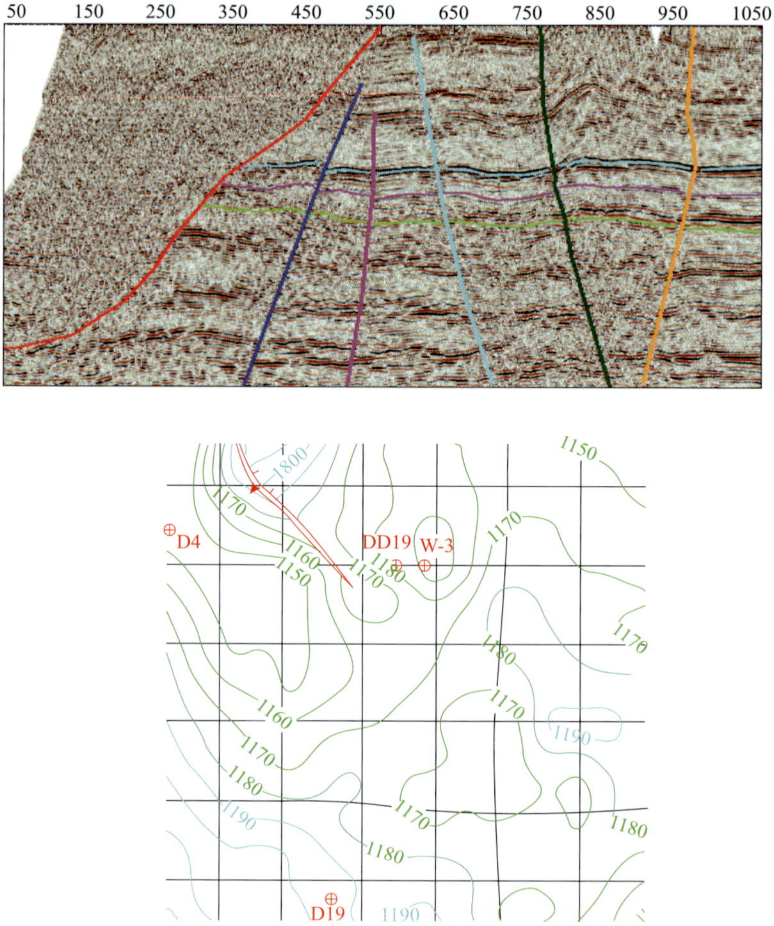

图2－1－1　二维地震剖面及构造图

但随后在鼻状构造上部署的一些钻井出现了问题，二维资料落实的构造形态并不可靠，构造高点、构造圈闭形态、断裂的展布等与钻井均有较大的偏差，测网稀疏的地震资料解释成果导致了勘探陷阱。

2. 原因分析

二维与三维地震的差别是众所周知的，三维的地震测网炮线距一般小于400m，而二维的测网密度一般大于1km，特别是勘探早期测线部署更加稀疏，一般为4km×4km或8km×8km。

常规三维激发点与接收点以线束或正交等方式排列，得到来自地下一个三维空间地质体的反射信息，在后续处理中干扰波能较好地去除，使地震数据有更好的信噪比和保幅性；同时，三维偏移是在空间沿真倾角方向进行，可以对地质体完整成像，归位准确，与二维地震成像相比是巨大的进步。二维采集可以认为是三维采集的一个特例，二维地震采集中，我们获得的是由时间坐标 t 和炮(xs)、检(xr)点在一条直线上的平面波场数据，二维地震资料的主要缺陷在于要求地质体只在一个垂直深度方向的变化，即只有在此条件下，二维地震勘探的原理和公式才是基本正确的。

一般情况下，二维地震资料偏移后的时间剖面在测线的交点处是不闭合的，所以其偏移剖面用于绘制反射层构造图也有一定困难，偏移剖面所具有的优势在解释中得不到实际应用，只能提供解释人员在进行构造解释时做参考，虽然可以通过水平叠加剖面绘制反射层位构造图，然后对该图进行平面偏移和反射点归位，但是反射波的振幅、波形等重要信息得不到应用，使得复杂储层条件下地震综合解释技术无法应用。另外，当解释人员用稀疏的二维地震测线的数据绘制地质图时，往往凭经验想象出测线之间的一些地质细节，导致解释的模糊性。本案例正是由于二维地震测网稀疏而导致的构造勘探失利。

3. 解决方案

由于该区块构造复杂，二维地震解释成果精度很难满足地质目标的要求，稀疏的二维测网不能精确地落实复杂的圈闭形态，最佳的解决方案就是部署三维地震，获得更丰富的地下信息的同时，利用三维成像方法提高地震资料的品质，才能保证构造的落实。

三维地震部署的观测系统参数非常重要，考虑区块勘探目的层埋深在 2500 ~ 2700m，以及低幅度构造规模较小、断裂细节以及后期岩性勘探的需求等因素，重点进行了面元、最大炮检距两个参数的论证。面元大小的选择首先满足具有较高横向分辨率的要求，其次当地层存在倾角时，保证同相轴波形进行准确识别的最高无混叠频率。最大炮检距的设计重点考虑目标深度约束、动校拉伸对信号频率的影响，同时兼顾速度分析精度，最大炮检距设计为 3900m。

同时，利用正演模拟等方法确定其他参数，最终确定了 18 线 12 炮 192 道(重复 15 线)中间放炮束状正交观测系统。CMP 面元 20m(纵) × 20m(横)，覆盖次数 108 次(12 纵 ×9 横)，接收道 3456 道，道间距 40m，接收线距 160m，炮点距 40m ，炮线距 320m，束线滚动距离 480m(三条线)，接收线方位角 90°，激发线方位角 0°，线束宽度 2720m，纵向最小炮检距 20m，纵向最大炮检距 3820m，最大炮检距 4133.86m，最大非纵距 1580m，最小非纵距 20m，横纵比 0.41。

三维采集之后，首先优选了层析静校正方法解决因地表引起的构造误差，再应用识别去噪等方法，提高信噪比，再通过地表一致性反褶积和预测反褶积提高地震资料的分辨率，最后，经叠后偏移处理，三维地震剖面的品质较二维有很大的提高，见图 2-1-2。

首先，解释人员在三维地震资料上发现了更多的断裂，推覆大断裂成像清晰，地震波组特征明显、连续性好，层间断点更清晰，对查清工区断裂发育特征，落实断层展布及组合特征非常有利，见图 2-1-3。

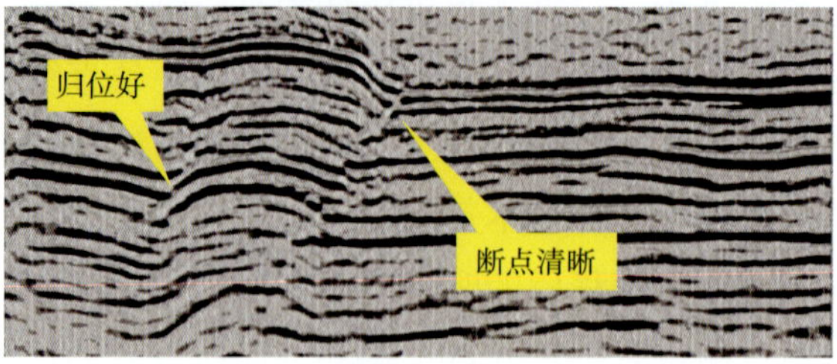

图2－1－2　三维地震剖面断裂特征

其次，地震资料的信噪比明显提高，勘探目的层附近相关地震反射层的解释可靠性增强，见图2－1－3。

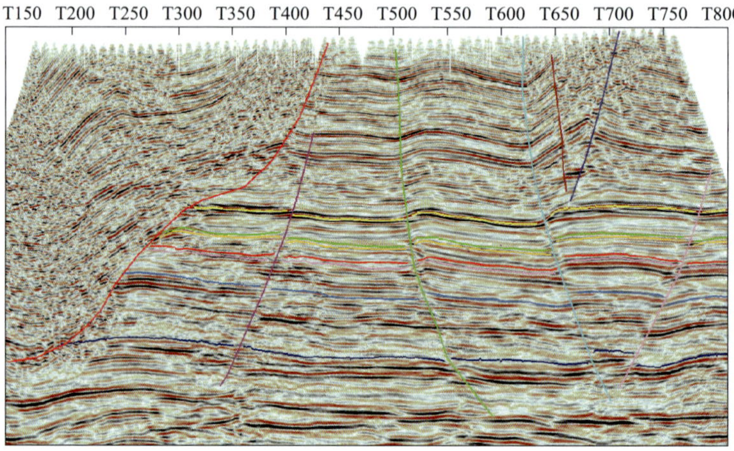

图2－1－3　三维地震剖面

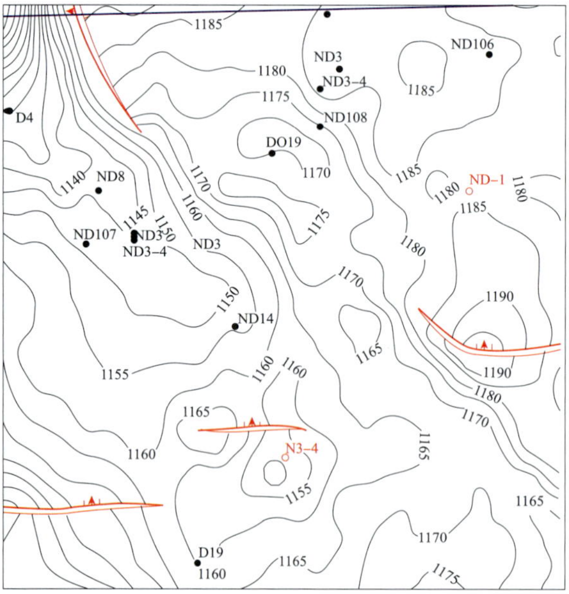

图2－1－4　三维地震资料解释的构造图

三维地震数据得到的构造图件与二维构造图发生了很大的变化，见图2－1－4；构造研究发现了贯穿工区北西向展布的构造坡折带，构造高点、鼻状构造的形态规模与二维相比有了很大变化，构造与断裂的关系等认识上也得以提高和深化，与已完钻井的吻合度大大提高。

在三维地震的支持下，构造圈闭进一步落实，三维地震避免了因地震稀疏导致的陷阱，后续部署的钻井均取得较好的油气效果，随后进入开发阶段，形成了有一定规模的油田。

在其他的油气勘探区也存在相似的

案例，如某山地区三维采集与二维采集比较，三维的优势更加明显，信噪比高，波组结构清晰，构造格局清晰，断层及构造位置准确(图 2-1-5)。

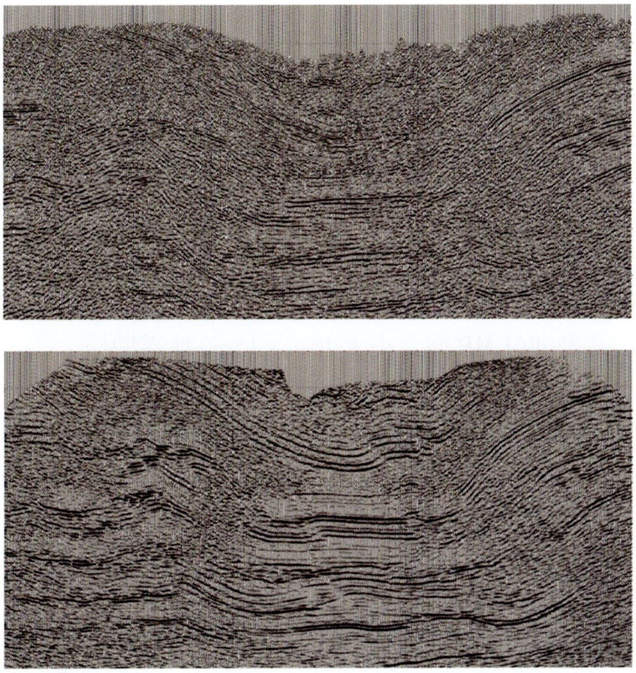

图 2-1-5　二维(上)与三维(下)地震采集偏移剖面

另一个地震区块的二维与三维采集地震资料对比，三维地震深层的反射波清晰，地层结构与展布特征得到落实(图 2-1-6)。

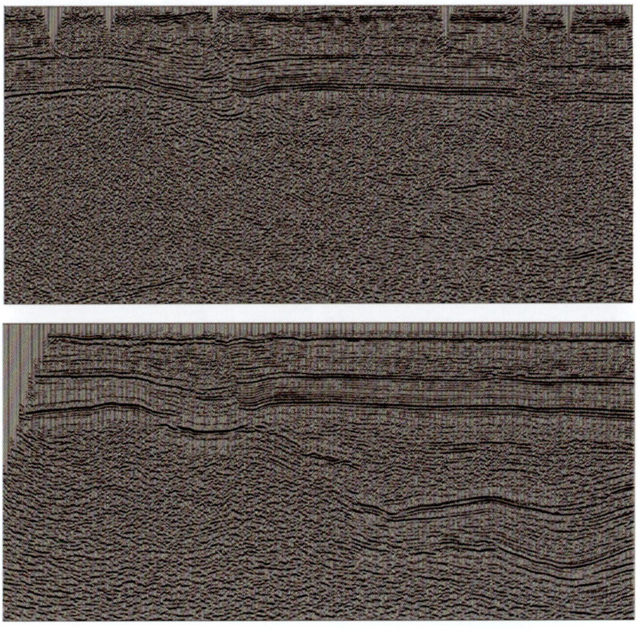

图 2-1-6　二维(上)与三维(下)地震剖面

三维地震获得的波场数据齐全完整，偏移后的地震数据不但能够对复杂构造准确成像，而且三维数据振幅保真度高，采样点密集，有利于精确落实构造、断裂以及储层特征研究。

4. 启示

这个案例给我们的启示：由于地震勘探的对象都是具有各种立体形态的复合地质体，二维地震技术具有局限性，仅适应于勘探初期或大区域的普查阶段，中国的含油气盆地在经历几十年的油气勘探后，未知的油气藏越来越隐蔽，地质目标越来越复杂，在地质评价油气资源相对富集、具有开采价值的区块，即使在勘探早期也应尽早实施常规三维地震勘探，甚至是宽方位、高密度(CMP 面元小于 15m×15m)地震勘探。

与常规三维比较，宽方位三维增加了纵横向采集道数，可以更准确地提取各向异性参数、方位速度差异、振幅和频率差异、AVO 等叠前信息，有利于裂缝和油气识别。高密度三维与常规三维相比，具有空间采样间隔小、高覆盖次数、道距小、小尺度面元、炮检距分布均匀等特点；高密度采集的优势是对有效波和干扰波充分采样，提高纵横向分辨率，提高信噪比，避免空间假频，小尺度地质体成像更加清晰准确，与常规三维相比，地震品质有质的提高(图 2－1－7 是国内某探区高密度地震与常规三维地震的剖面对比)。

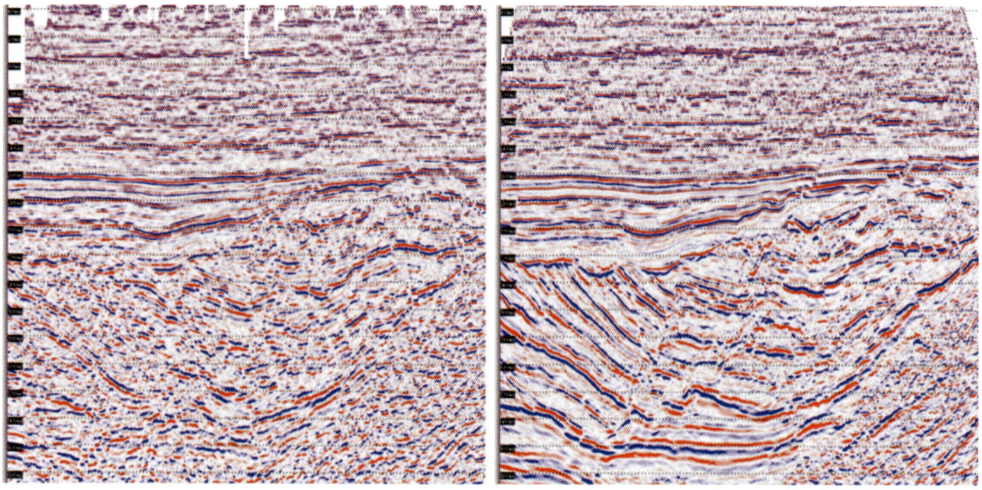

图 2－1－7　常规三维地震剖面(左)与高密度三维地震剖面(右)

因此，在地下油气资源丰富而地质构造复杂的地区，不仅要进行三维地震采集，而且要进行高密度、宽方位三维地震采集。可以打破常规的勘探程序，大胆应用高密度、宽方位三维地震技术，当然还必须要根据实际情况做好采集设计和先导试验。

案例 2：深层高陡复杂构造的时间域成像陷阱

1. 问题与现象

复杂地表与复杂构造探区的勘探开发，不仅需要精准的地质构造成像，还需要获得复杂储层内幕细节信息。常规时间偏移对高陡构造的成像存在局部成像深度不准确、高陡构造成像信噪比低、复杂构造区波组难以解释等问题。如图 2－2－1 是四川盆地某区块的两条叠前时间偏移地震剖面，图中可见该区块褶皱发育、地层变形剧烈，地震剖面上高陡构造成像波组特征不清楚、存在明显不协调的地震波组错断扭曲等现象，解释过程中存在构造和断裂难以落实的问题，此类问题是时间域成像方法精度不够带来的陷阱。

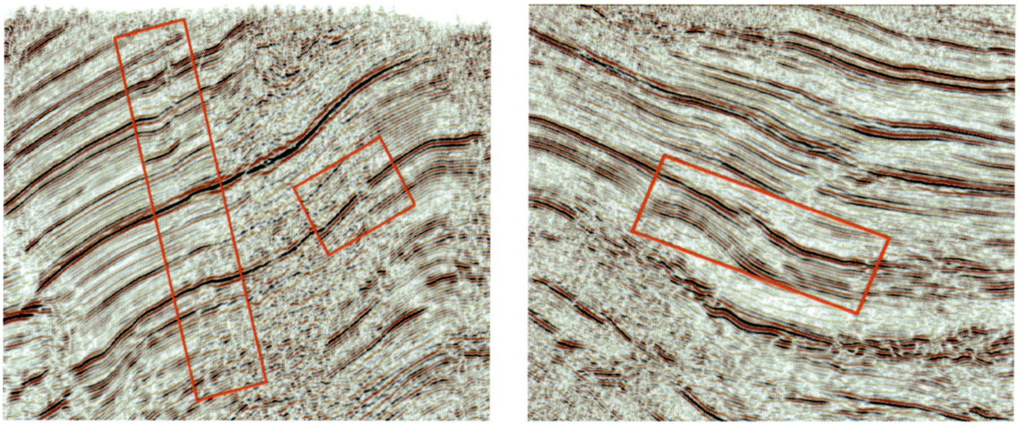

图 2－2－1　叠前时间偏移剖面高陡构造难以落实现象

2. 原因分析

剖析复杂高陡构造地震成像不清晰、波组串层的原因，成像方法不适应是主要原因之一。叠前时间偏移(Prestack Time Migration，PSTM)基于水平层状假设[见图 2－2－2(a)]，理论上只有在常速或速度横向变化不大的情况下才适用。叠前深度偏移(Prestack Depth Migration，PSDM)基于准确层速度[见图 2－2－2(b)]，适应横向变速情况。如果速度横向变化较大，时间偏移结果会存在较大的成像位置漂移。通常，可以从地层倾角变化和速度横向变化两个方面来定性判断地下地质构造的复杂性，从而判断叠前时间偏移的可靠性。当地下构造较为简单时，水平速度横向变化不大，时间偏移成像精度尚可[见图 2－2－3(a)所示]；当地下构造较为复杂时，叠前时间偏移会产生构造位置、构造幅度、地层倾向、地层倾角等与实际不符的现象，误差较大[见图 2－2－3(b)]。

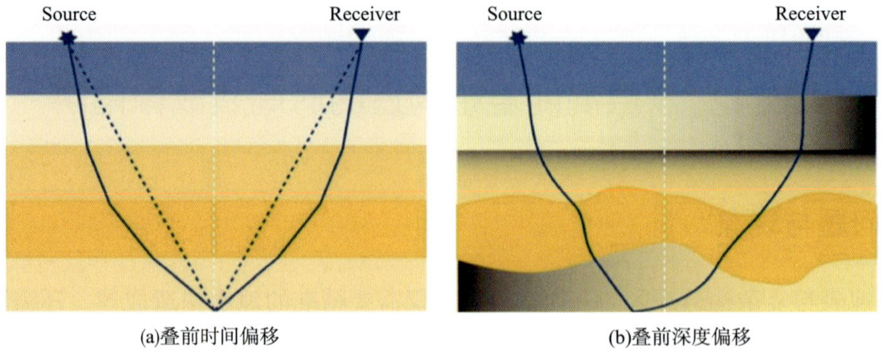

图 2-2-2　成像原理示意

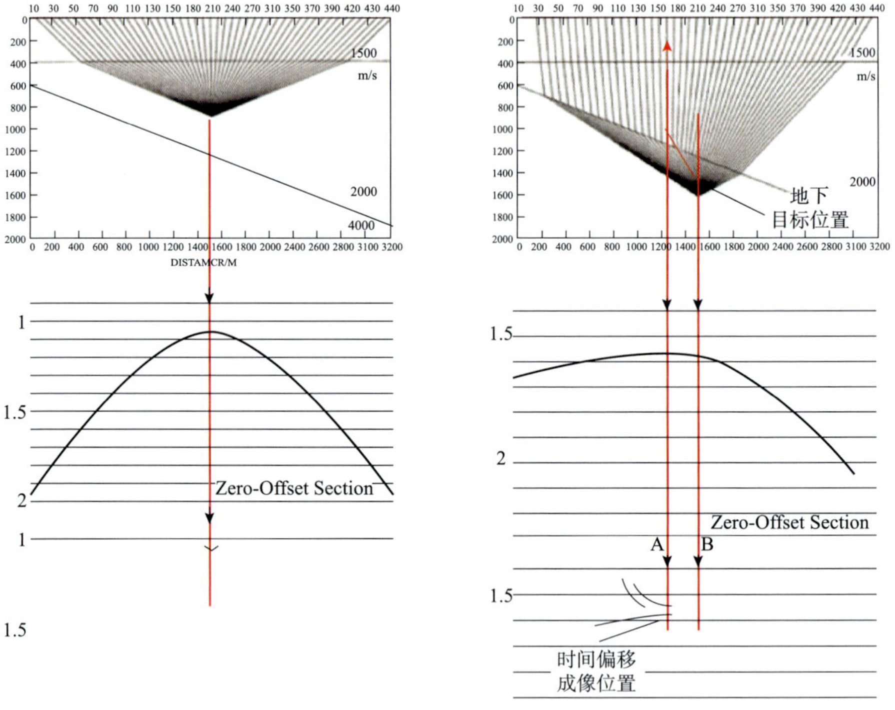

图 2-2-3　水平层状介质模型(左)与倾斜层状模型(右)的 PSTM 成像点漂移问题分析

3. 解决方案

要解决复杂高陡深层构造成像特征不清晰、波组串层等问题，关键在于成像方法的选取。叠前时间偏移基于横向速度均匀的介质模型假设发展而来，能实现水平层状介质下真正的共反射点叠加，并不能解决复杂介质成像点与地下实际绕射点位置不重合的问题，从而导致成像位置偏差，成像质量下降；相比较而言，叠前深度偏移建立在复杂构造速度模型基础之上，符合斯奈尔定律，遵循波的绕射、反射和折射定律，速度模型准确情况下，理论上适用于任意介质的成像问题。

图2－2－4至图2－2－5是该探区叠前时间偏移与叠前深度偏移(转到时间域)的成像效果对比。可以看出，叠前时间偏移在复杂构造区易出现波组串层、连续性差等现象，相比较而言，叠前深度偏移成像结果无论是在连续性还是在成像质量上均有明显的提升，串层现象得到较好的解决。

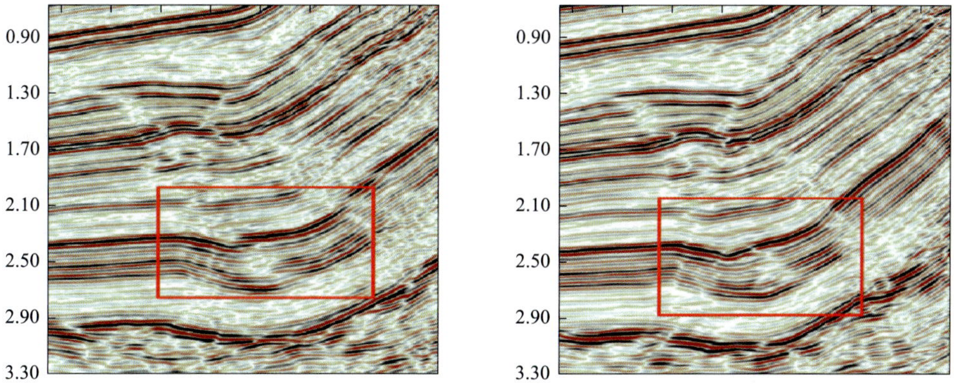

(a)叠前时间偏移　　(b)叠前深度偏移

图2－2－4　成像效果对比

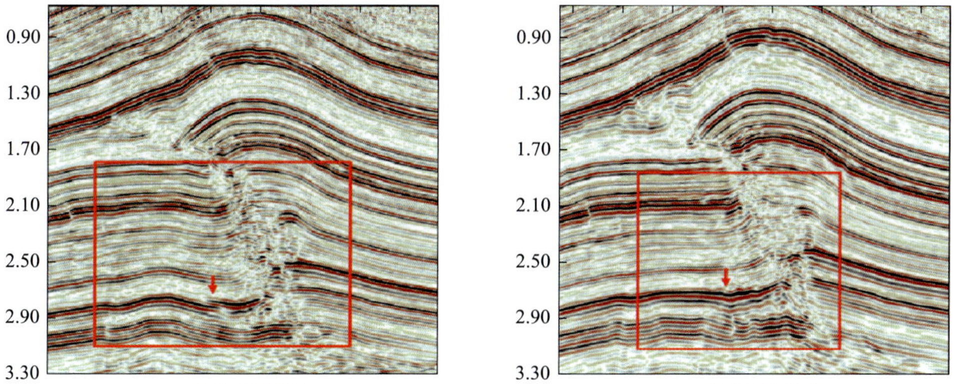

(a)叠前时间偏移　　(b)叠前深度偏移

图2－2－5　成像效果对比

针对高陡复杂构造成像而言，叠前深度偏移具有理论优势，但Kirchhoff偏移作为一种射线类偏移，在复杂构造区依旧存在理论及应用上的缺陷。逆时偏移技术以双程波动方程为理论基础，利用地面接收到的波场进行双程波场延拓，应用互相关成像条件实现地震波场的偏移归位，更适应高陡复杂构造成像，成像精度明显改善。在处理边界条件方面，为了更加真实地模拟地震波在无限介质中的传播过程，建议采用效果较好的最佳匹配层(Perfectly Matched Layer，PML)边界条件。在成像条件选择方面，采用震源波场与接收点波场零延迟互相关，能够增强成像有效信号，同时对产生的成像噪声有较好的压制效果。

图2－2－6～图2－2－8是采用逆时偏移(RTM)技术的处理成果与Kirchhoff偏移处理成果的对比。可以看出，Kirchhoff偏移与RTM偏移构造形态基本一致，但RTM成像质量

整体有明显提高，信噪比大幅提升，深层反射信息更为丰富，高陡构造区域成像更加清晰准确。

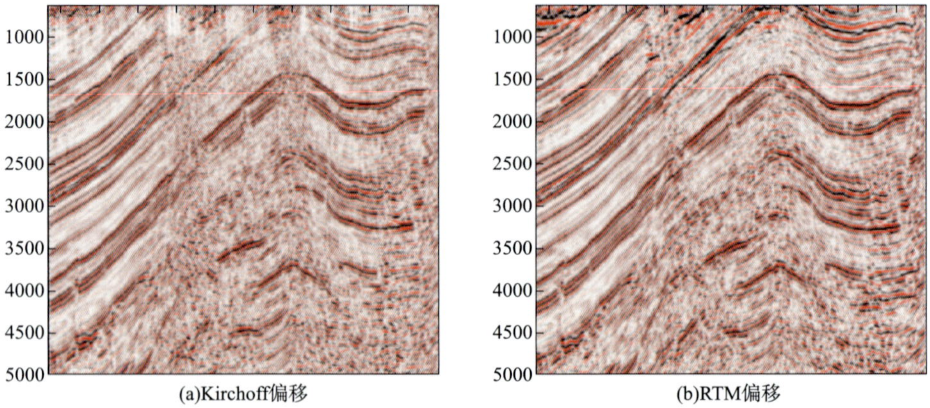

图 2-2-6　偏移剖面对比

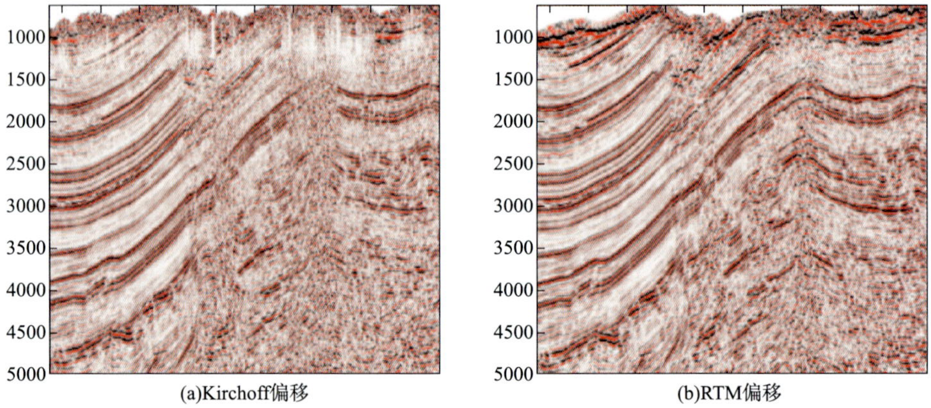

图 2-2-7　偏移剖面对比

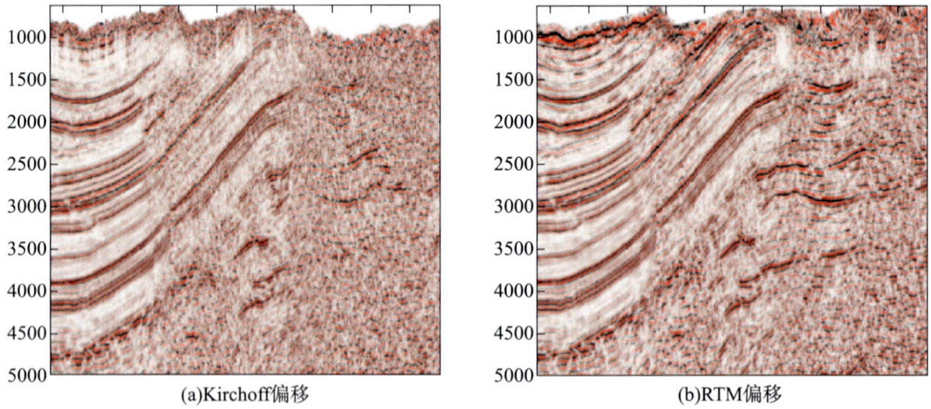

图 2-2-8　偏移剖面对比

4. 案例启示

在针对高陡深层构造进行成像时，我们首先应该考虑用什么方法合适。叠前时间偏移基于水平层状理论假设，当构造或速度横向变化较为剧烈时，绕射曲线严重偏离双曲线形态，难以做到基本的同相叠加(聚焦)，会产生构造位置、构造幅度、地层倾向、地层倾角等与实际钻井不符的现象。叠前深度偏移在速度模型准确时，可以实现复杂构造准确归位。因此，在实际应用中，当地下地质构造复杂时，必须选择深度域的地震偏移方法。

从本案例可以看出，针对复杂高陡深层构造的高精度成像问题，与 Kirchhoff 射线类偏移相比，逆时偏移(RTM)技术具有更好的成像效果，能够实现更加准确的成像。随着勘探开发对地震成像精度需求的不断提高，在未来的研究及工业处理流程中，应用以最小二乘偏移为代表的更高精度的深度域成像新技术以及高精度速度建模技术，可以进一步提高复杂探区的地震成像精度。

案例 3：复杂地表深度成像的起始面选择陷阱

1. 问题与现象

复杂地表区(如高大沙丘地表区和盆地周缘山前带)已成为油气增储上产的新战场，地震成像受到复杂地表地质条件的严峻挑战。在四川盆地周缘构造复杂区块进行深度偏移成像处理时，采用了两种成像起始面进行处理，一是常规地震处理流程通常采用的 CMP 浮动面作为成像面，在探区地表相对平缓及近地表构造相对简单时，深度偏移成像质量尚可，但复杂地表情况下，容易出现继承性虚假同相轴，且井震深度误差较大，影响后续地震资料解释及油藏描述工作，如图 2 - 3 - 1(a)所示；二是采用真地表面作为成像面，其成像质量也较差，剖面信噪比较低，如图 2 - 3 - 1(b)所示。两种成像起始面均未取得较好的成像效果，从该案例可以看出，对于复杂地表深度成像而言，偏移起始面的选择至关重要，直接影响最终成像质量与精度，选择不好必然带来成像质量的陷阱。

2. 原因分析

基于 CMP 浮动面进行叠前深度偏移成像效果变差的根本原因来自两者的基本假设和处理目的不一致。CMP 浮动面是服务于时间域同相叠加的一项必要手段，其目的是将同一个 CMP 道集内扭曲的反射同相轴通过静校正量平滑恢复为双曲线规律，这有利于时间域叠加速度谱的拾取及后续叠前时间偏移成像。但经过常规静校正后得到的 CMP 浮动面显然破坏了原始数据的时距关系，导致波的传播路径与真实路径偏差较大，与叠前深度偏移

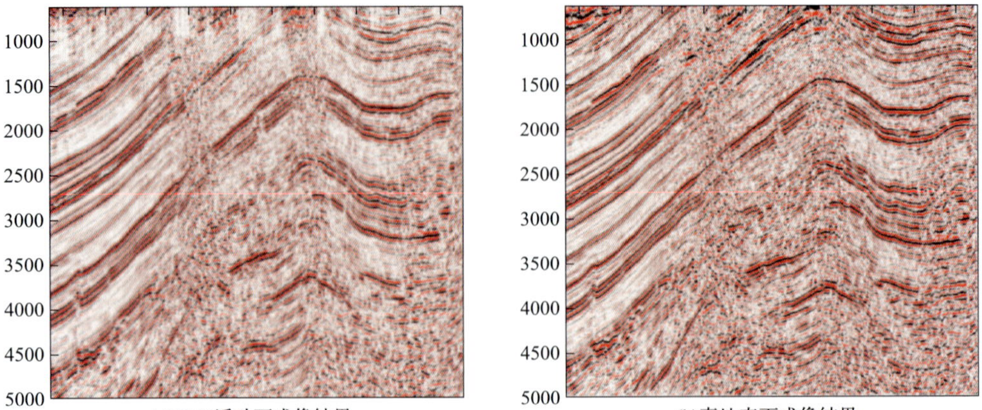

(a)CMP浮动面成像结果　　(b)真地表面成像结果

图 2－3－1　不同成像面偏移结果对比

算法假设相矛盾，这也是基于 CMP 浮动面叠前深度偏移成像深度与实际钻井误差较大的主要原因。

那是否可以不施加任何静校正量、直接在真实地表数据上进行叠前深度偏移呢？通过图 2－3－2 的模型测试可以看出，即使利用真实速度模型，直接在真地表利用带有高频道间时差的原始数据进行叠前深度偏移的成像结果依然存在信噪比较低的问题，成像剖面带有明显的高频噪声。其主要原因是原始数据中存在的高频道间时差无法被现有的速度建模方法以及偏移成像技术手段所识别，成像算法分辨率不足以准确成像归位高频分量，破坏了同相叠加，带来了明显的高频噪声。

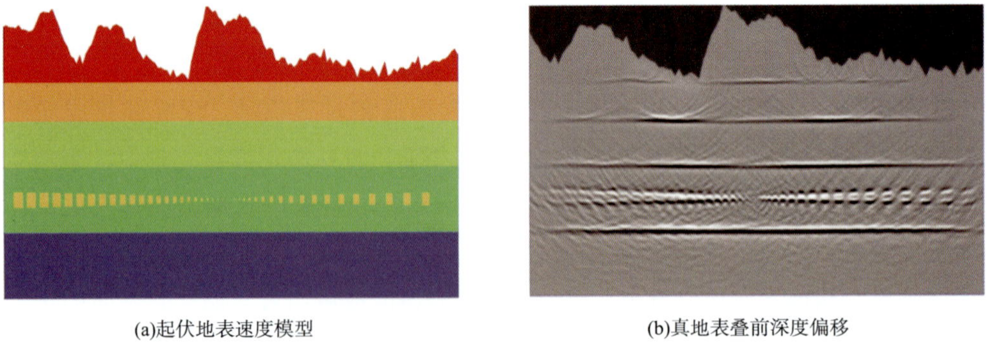

(a)起伏地表速度模型　　(b)真地表叠前深度偏移

图 2－3－2　真地表面成像模型测试

3. 解决方案

解决上述问题的关键在于如何选取深度域成像起始面。如图 2－3－3 所示，首先要清楚区分不同的成像面概念。CMP 浮动面，是时间域预处理中为了满足 CMP 道集同相轴双曲规律以及动校正速度分析等处理，将静校正量进行高低频分解并平滑后的时间域处理面，并不是一个真实存在的物理面。真地表面是地震采集过程中地表真实的位置，是实际存在的物理面。前面分析知道在真地表面直接进行成像会存在高频噪声，需要将真地表数据进行高频静校正到小平滑地表面。小平滑地表面要消除由于近地表速度横向快速变化以及地表高程快速变化所带来的数据高频道间时差，这部分道间时差是深度域速度建模和成像所无法分辨的数据高频静校正量，但保留了中低频静校正量。因此小平滑地表面是一个接近于真地表的物理面，可以满足深度域速度建模和成像需求。图 2－3－3 展示不同地表面的对比，从不同成像起始面对应的含义可以看出，CMP 浮动面仅适用于时间域，真实地表对于复杂探区而言不具有可操作性。相比较而言，小平滑真地表面及与之相匹配的高频静校正才是复杂地表叠前深度偏移成像的正确处理方式。

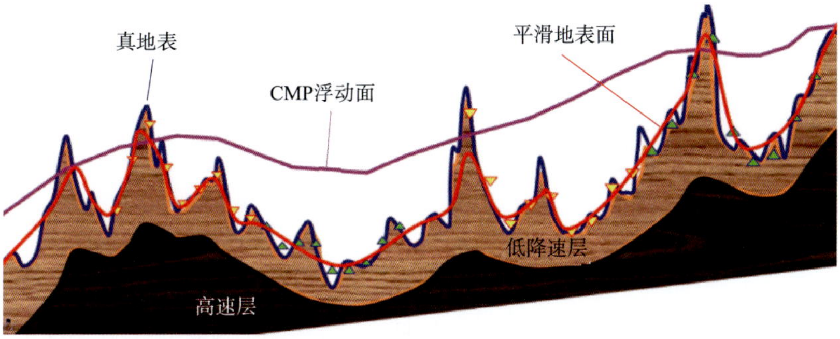

图 2－3－3　成像过程中不同处理面示意

那么，如何进行高频静校正才能与小平滑地表面相匹配呢？一般情况下我们得到的是经过时间域处理后的总静校正量，这时数据放在最终水平基准面上。因此需要确定的是如何从总静校正量中分离出要返回到数据中的中低频分量，剩下的就是高频分量。将原始总静校正量中的中低频静校正量返回数据中去而仅仅施加了高频分量，这时数据就对应到小平滑地表面上。其处理过程大致包括：从时间域最终数据开始，这时数据经过了层剥离与层替换的总静校正后，处于最终水平基准面上，其背后所对应的地下模型如图 2－3－4(a)所示。首先从原始静校正量中移除从最终基准面到小平滑地表面的高程差所对应的直流分量，这一步操作相当于消除了地表高程的快速变化导致的高频静校正量，如图 2－3－4(b)所示；然后再对剩下的静校正量平滑，移除与替换速度相关的低频静校正量。这一步操作相当于恢复了近地表速度变化的低频分量，以保留给后续深度域速度建模反演，如图2－3－4(c)。通过这两步法操作就实现了从原始静校正量中返回中低频静校正量，仅施加了地震数据中的高频静校正量，实现了将数据校正到小平滑地表面的操作，后续所有的深度域速度建模及偏移成像都在该面上操作。

下面给出的是中国西南某探区的应用效果。需要注意的是，实际资料处理过程中平滑地表面平滑尺度要依实际情况测试选择，一般要求平滑直径至少大于两倍线间距，同时保证平滑尺度与静校正量平滑尺度一致。图 2－3－5 显示了某测线的总静校正量和分离出的高频、低频分量。

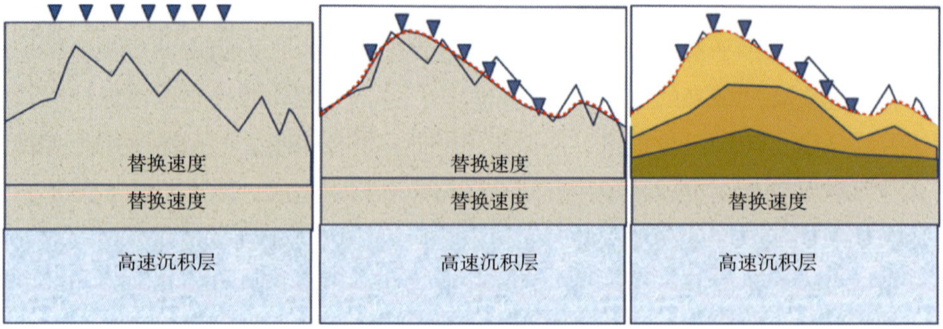

(a)真实地表　　(b)速度分析采用的CMP浮动面高程　　(c)高频静校正后的成像面

图 2－3－4　不同成像基准面

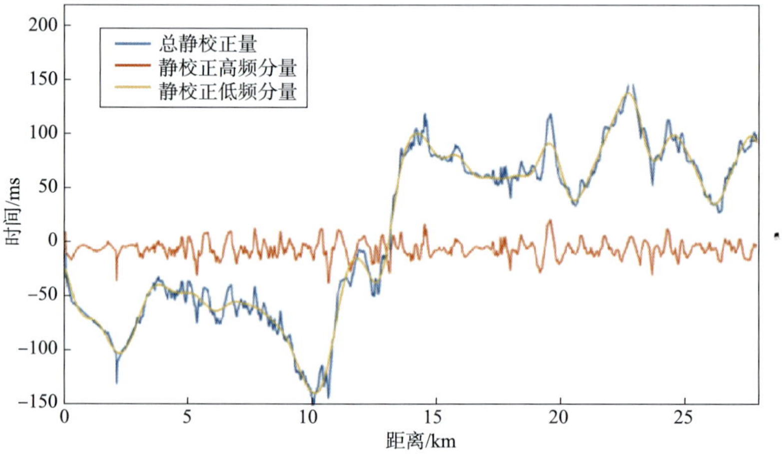

图2－3－5　某实际数据测线总静校正量与分离出的高低频成分

时间域总静校正量后的道集见图 2－3－6(a)，仅应用高频静校正量后的道集见图 2－3－6(b)。图 2－3－7 显示了两种方法的校正量值。

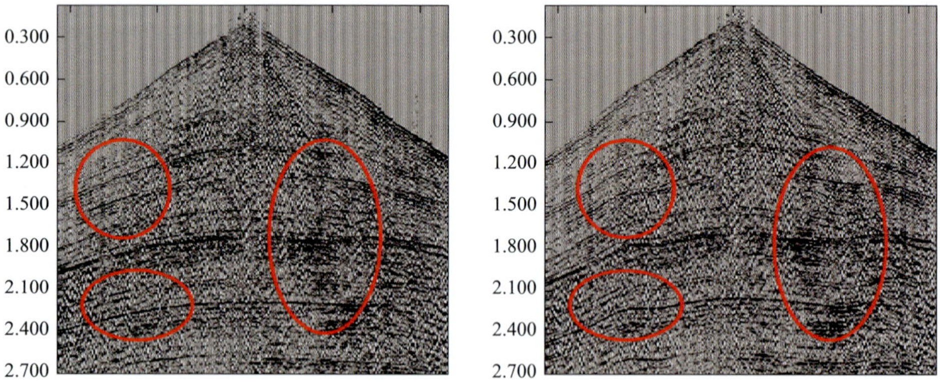

(a)施加总静校正量的CMP道集　　(b)施加高频静校正量的CMP道集

图 2－3－6　施加不同静校正量的 CMP 道集对比

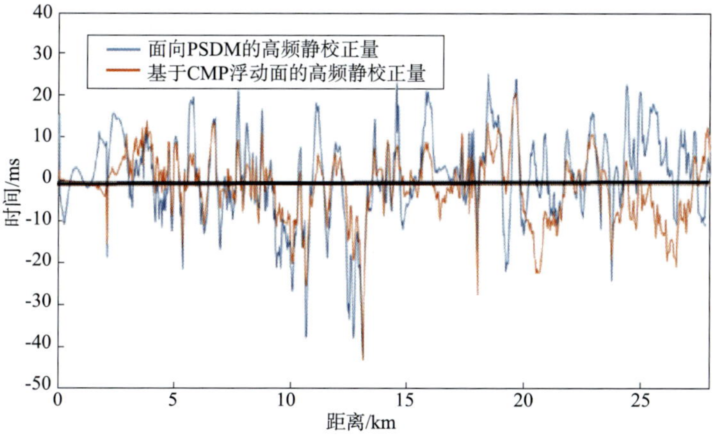

图 2-3-7　不同处理面的高频静校正量对比

从图 2-3-6 中可以看出，静校正后同相轴基本呈双曲线特性，而高频静校正的道集仅仅消除了剧烈变化的道间时差，低频道间时差仍保留。这是由于两者的目的不一样：常规 CMP 浮动面静校正以获取双曲线同相轴进行速度分析和时间偏移为目的，校正后数据位于 CMP 局部水平面上；而面向平滑地表叠前深度偏移的高频静校正量只去除道间时差的高频抖动，校正后数据位于平滑地表面上。从图 2-3-7 可以看出，常规 CMP 浮动面的高频静校正量由于采用低速层剥离，大部分静校正量为负值，道集时间整体偏小；而面向平滑地表叠前深度偏移的道集时间没有整体变化，基本在 0 线上下抖动。

图 2-3-8 展示了原始数据、时间域处理数据、深度域处理数据分别放置的处理面差异，以及对应的道集中同相轴形态的差异，这可以给我们一个比较直观的认识。在真地表面的原始数据道间时差包含了高频和低频分量。时间域总静校正后的数据置于 CMP 浮动面(局部水平面)上，消除了中短波长全部道间时差，同相轴呈双曲线规律，用于时间域速度分析及偏移；位于小平滑地表面上的数据只消除了道间时差的高频量，中长波长道间时差仍然保留在数据中，用于后续深度域速度建模及成像。

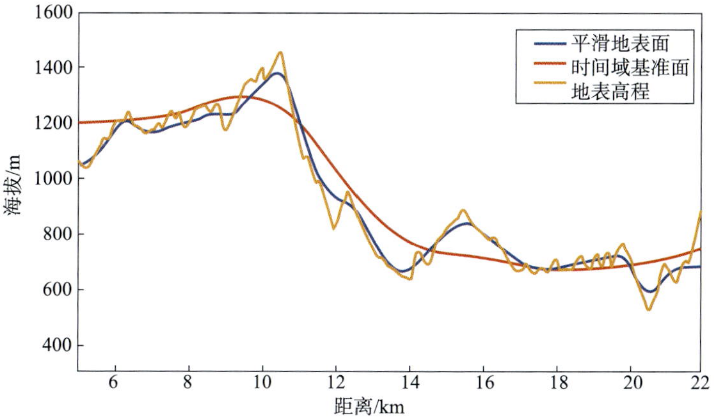

(a)不同偏移面对比

图 2-3-8　不同基准面及其对应的 CMP 道集

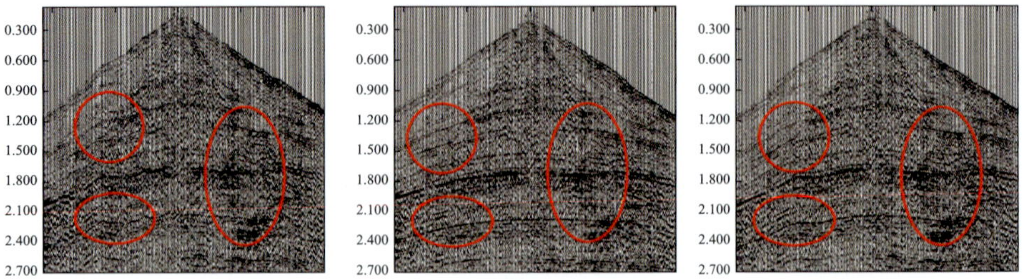

(b)原始炮集　(c) CMP浮动面用于叠前时间偏移炮集　(d)平滑真地表面用于叠前深度偏移炮集

图 2－3－8　不同基准面及其对应的 CMP 道集(续)

图 2－3－9 和图 2－3－10 是基于真地表面叠前深度偏移剖面与基于平滑地表面叠前深度偏移剖面对比，可以看出构造形态两者基本一致，但以平滑地表面作为成像起始面得到的成像剖面信噪比明显提升，局部细节更加清楚，尤其是低信噪比区域，右侧垮塌区成像效果显著提升。

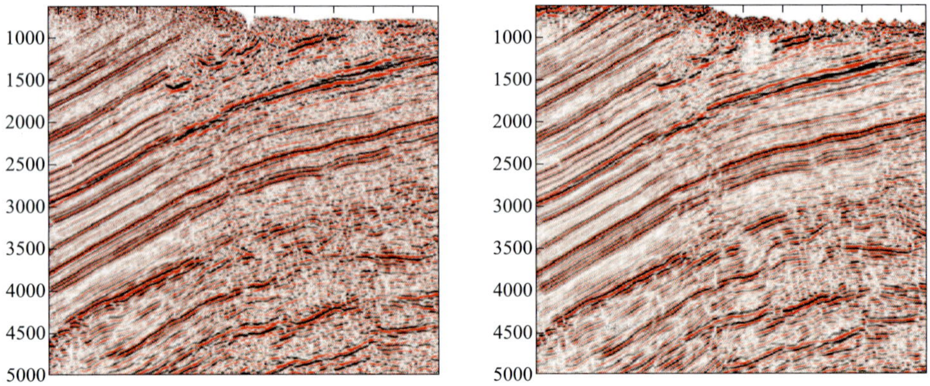

(a)基于真地表面叠前深度偏移剖面　(b)基于平滑地表面叠前深度偏移剖面

图 2－3－9　Kirchhoff 叠前深度偏移剖面

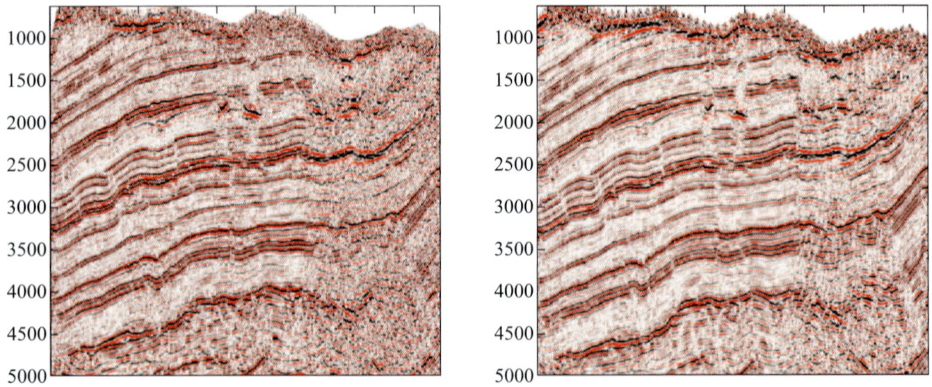

(a)基于真地表面叠前深度偏移剖面　(b)基于平滑地表面叠前深度偏移剖面

图 2－3－10　Kirchhoff 叠前深度偏移剖面

4. 启示

在地表与地下双复杂的条件下，地震资料的成像质量不仅依赖于深度域的成像方法，还与所选择的成像起始面有直接关系，成像起始面的选择直接影响叠前深度偏移结果。

简单地直接应用时间域 CMP 浮动面进行深度域建模与成像会由于应用条件的不满足导致一定的成像深度误差；而直接在真地表进行叠前深度偏移又会导致成像信噪比不高。复杂地表叠前深度偏移的成像起始面如何选择、与其相匹配的叠前数据高频静校正如何操作、其背后的理论依据是什么，这些问题都值得讨论和思考。

从本案例的分析得知，由于地震数据中的高频道间时差无法被后续的速度建模和偏移成像所分辨，因此必须选择小平滑地表面并匹配去除数据中高频静校正量的方法。通过两步法从原始总静校正量中分离出高频静校正量施加到原始数据中，而保留原始数据的中低频静校正量，可以获得与小平滑地表面相匹配的、适应深度域速度建模及叠前深度偏移的叠前数据。

案例 4：深层构造成像的上覆速度异常体陷阱

1. 问题与现象

随着勘探开发程度不断推进，深层和超深层勘探已成为主要目标。对于深层成像而言，上覆地层存在复杂高速异常体对深部目标储层的精确成像影响很大，如塔里木盆地某地区，目的层为深层奥陶系断控型油藏，内幕发育走滑断裂，沿断裂带形成多个油气富集区。其上覆二叠系地层广泛发育多种火成岩，火成岩厚度大、速度高且横向变化大。对于该地区的地震处理成像研究，在早期的二维处理剖面及三维叠前深度偏移剖面上均显示奥陶系内幕存在两条深大断裂影像，断点、断面清晰，被视为有利油气勘探区带。根据断裂位置打井，其中 2 号断裂带(红色)钻井落实，但 1 号断裂带(蓝色)实测钻井断裂不落实(图 2－4－1)，存在成像结果与钻井构造不符的现象。根据该区的地质情况，初步断定是上覆火成岩高速异常体造成的深部目标假断裂成像陷阱。

2. 原因分析

该探区上覆地层有分布不均、厚度不同的二叠系火成岩地质体。据井资料证实，该火成岩属于高速异常体，对下伏地层的成像精度影响很大。成像剖面中奥陶系内幕的断裂响应并非全部真实存在，其根本的原因是在深度域速度建模时对火成岩高速异常的反演精度不够，导致了深层成像不准，产生了断裂构造假象。如图 2－4－2(a)所示，由于上覆火

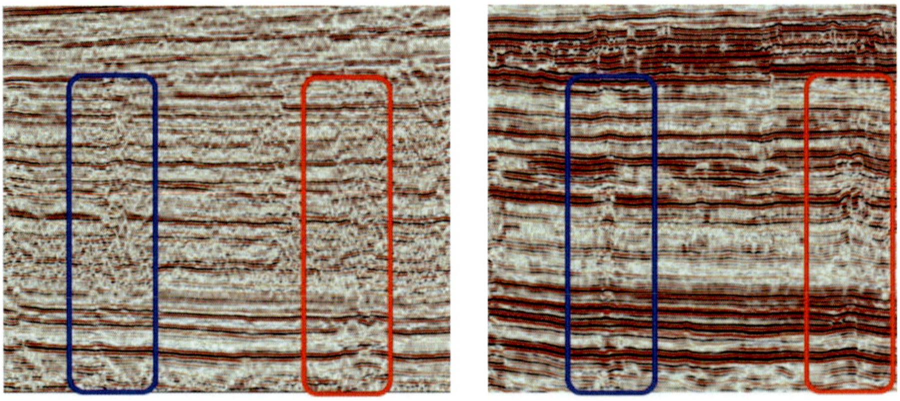

(a)二维资料　　(b)RTM成果

图2-4-1　1号断裂带前期处理问题

成岩的边界形态、速度分布等特征没有在速度模型中精准刻画，致使成像走时变短，引起下伏地层同相轴局部异常凸起，当横向尺度较小时，会引起下伏虚假构造在成像中的表现类似于断层响应[见图2-4-2(b)]，也就是我们常说的“假断裂”。对于这类火成岩局部高速异常的建模问题，常规层析速度建模方法往往难以准确刻画，原因有两点：

(1)火成岩尺度小，超出层析反演的分辨率极限；

(2)火成岩岩性及岩相横向变化剧烈，速度跳变大，不满足常规层析理论假设。

因此，解决好复杂火成岩异常体的速度建模问题是解决断裂假象的关键。

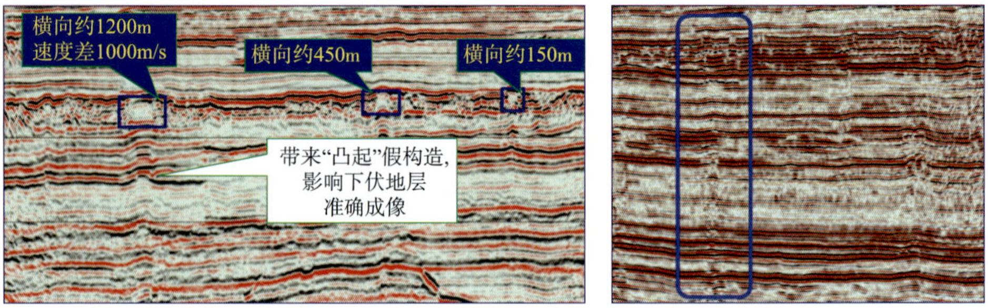

(a) 继承性“凸起”假构造　　(b)虚假断层

图2-4-2　火成岩高速异常体引起的假构造

3. 解决方案

针对上覆复杂火成岩高速异常体问题，如何建立包含火成岩地质特征信息的高精度区域速度模型是关键。

本案例建议采用地质层位约束的局部层析速度建模技术。基于常规层析反演速度建模的缺陷及火成岩速度变化的复杂性分析，通过地质层位约束的局部层析技术，实现火成岩对应层位内的目标反演；在此基础上，采用变尺度火成岩速度建模技术，有效控制火成岩反演尺度，以实现对火成岩的高分辨反演，提高火成岩速度建模的精度，从而达到消除下伏目的层虚假断裂的目的。本案例采用如下流程实现上覆异常体精细建模，首先基于深度域初始模型，利用常规层析反演得到速度场的中低波数分量，实现火成岩顶界面之上的成像道集拉平；在此基础上，针对火成岩高速局部异常体，利用顶底界面层约束实现火成岩局部层析，结合变尺度正则化实现火成岩区域精细建模，具体流程见图2-4-3。

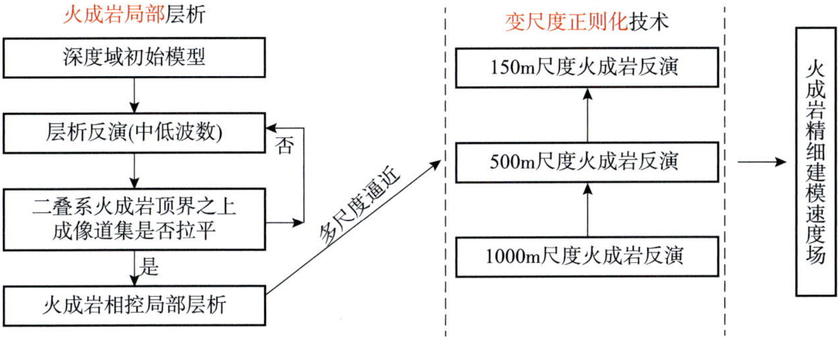

图2-4-3　基于地质层位约束的多尺度局部层析速度建模技术流程

基于上述流程，本案例形成了两项速度建模关键技术，具体技术点如下。

1) 火成岩局部层析技术

针对传统的层析反演对火成岩等局部突变异常体反演分辨率不足的问题，开发了层位约束局部层析反投影技术，通过构建新的火成岩高分辨率层析目标函数，加大火成岩发育区速度更新权重，实现对火成岩高速异常体的精细刻画，具体流程如下：

(1) 追踪目标层：追踪火成岩顶及火成岩下第一个“上拱”的层位(定义该层位为目标层)。如图2-4-4所示，绿色为火成岩顶界面，蓝色为火成岩底界面下的第一个异常层位。

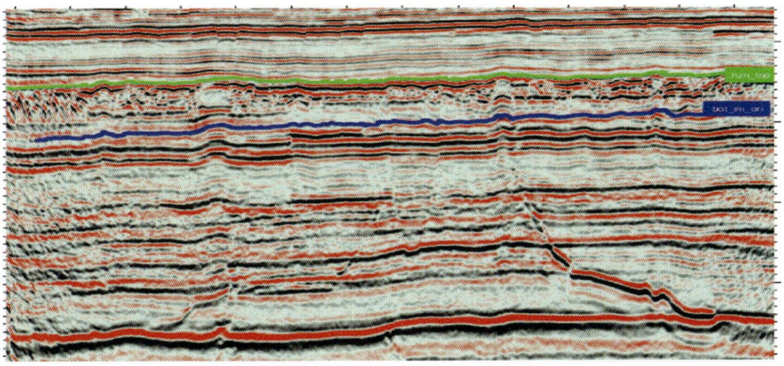

图2-4-4　自动追踪火成岩顶界面及底界面下第一个异常层位

(2) 计算局部深度差：根据测井分层与地质认识线性拟合得到符合地质规律的期望构造层位，如图2-4-5中蓝线。接着，利用目标层位(红色)与期望层位(蓝色)计算局部深度差 Δz_{local}，该深度差即包含了火成岩的速度异常信息。

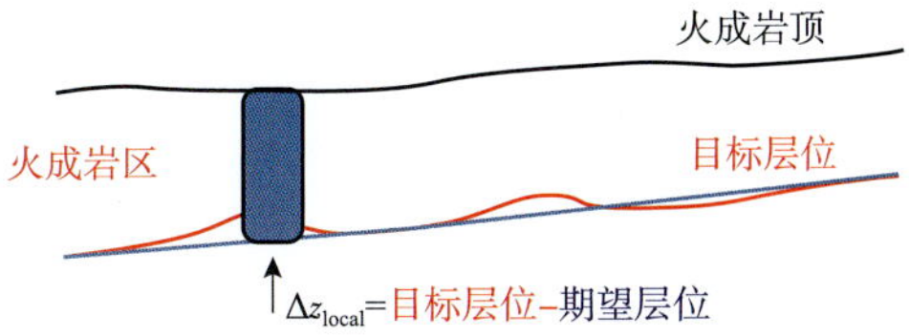

图2-4-5　追踪层位计算局部深度差示意

(3)局部层位约束层析反投影：根据计算得到的局部深度差 Δz_{local} 构造新的火成岩高分辨率层析目标函数：

$$S(m) = \| z^{\text{true}} - z^{\text{pick}} \|_2^2 + \varepsilon_1 \| \Delta z_{\text{local}} \|_2^2 \qquad (2-4-1)$$

式中，第一项是道集拉平项，属于常规层析反演准则，其中 z^{true} 表示期望深度，z^{pick} 表示拾取深度；第二项是局部层析反演项，ε_1 是权重因子，用来控制层位约束下的局部构造反演权重，Δz_{local} 表示局部异常体区域对应的深度差。通过该公式计算即可将深度差通过层析计算转化为火成岩速度更新量 Δv_{local}。

(4)局部更新量应用：应用局部更新量 Δv_{local}，得到局部层析后高分辨率精细速度模型。

2)变尺度正则化技术

针对局部速度异常体尺度小、变化快的问题，在局部层析算法的基础上，通过研发变尺度速度正则化技术反演中小尺度火成岩，实现精细反演局部高速异常体的量化控制：

$$S(m) = \| z^{\text{true}} - z^{\text{pick}} \|_2^2 + \varepsilon_1 \| \Delta z_{\text{local}} \|_2^2 + \varepsilon_2 \| D\Delta v \|_2^2 \qquad (2-4-2)$$

式(2-4-2)是在公式(2-4-1)的基础上增加了变尺度正则化约束项，其中 ε_2 是变尺度权重因子，Δv 是上一轮的速度更新量。借鉴图像学中的变尺度构造导向平滑算子 D，

$$D = \frac{\lambda_{\min}}{\lambda_u} uu^{\mathrm{T}} + \frac{\lambda_{\min}}{\lambda_u} vv^{T} \qquad (2-4-3)$$

通过调制算子特征值 $\langle \lambda_u, \lambda_v \rangle$ 与特征向量 $\langle u, v \rangle$ 实现沿不同方向的多尺度平滑，从而达到从低波数到高波数逐步逼近准确火成岩速度模型的目的，进一步增强反演精度。

通过以上两个技术的组合应用，构成了基于地质层位约束的多尺度局部层析速度建模技术，有效提高了上覆局部速度异常的刻画精度，虚假断裂陷阱问题得到有效解决，成像质量显著改善。

该技术系列在顺北某探区应用取得明显成效。该探区二叠系地层广泛发育火成岩，横向尺度变化剧烈，对下伏地层的成像质量影响严重。图 2-4-6(a)~(c)分别为 1km、1~5km以及 5km 尺度约束下的初始模型与局部层析建模结果对比。显然，经过局部层析建模后的速度模型对于二叠系火成岩的刻画更加准确，与偏移剖面更加吻合。

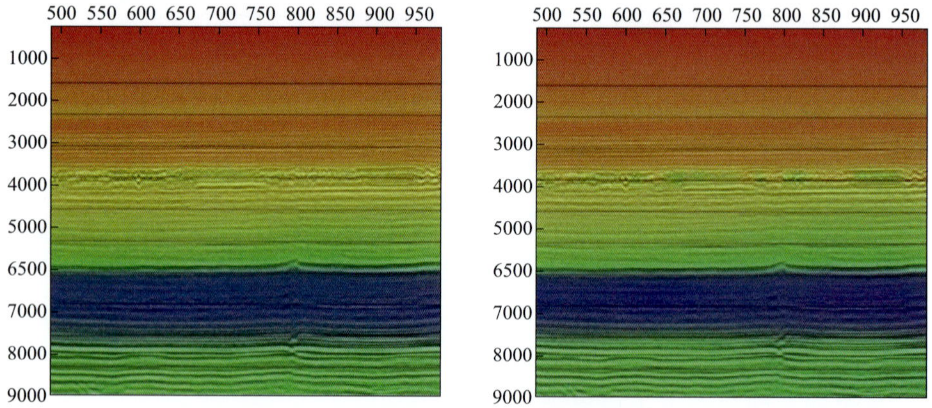

(a)小尺度反演1km以下有效速度异常

图 2-4-6 多尺度局部层析火成岩建模效果(左：初始模型；右：局部层析建模结果)

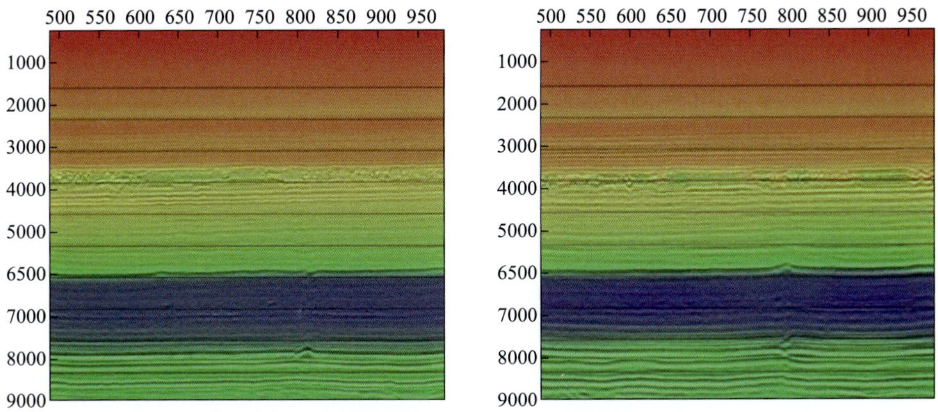

(b)中尺度反演1~5km精细速度结构

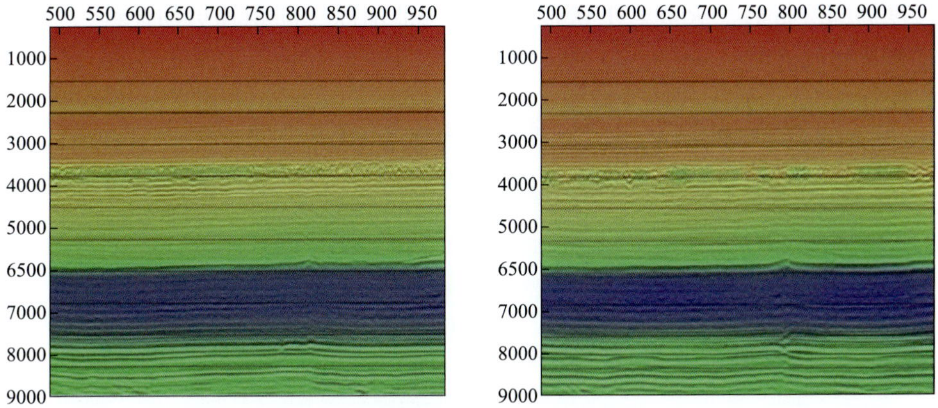

(c)大尺度反演5km以上稳定速度结构

图2-4-6 多尺度局部层析火成岩建模效果(左：初始模型；右：局部层析建模结果)(续)

另外，从前期建模成果[见图2-4-7(a)]与变尺度局部层析建模成果[见图2-4-7(b)]的局部细节对比可以看出，该技术对于不同尺度的火成岩均具有较好的刻画能力。图2-4-7(c)展示了基于地质层位约束的多尺度局部层析速度建模技术反演得到的速度更新量，更加直观地展示了针对不同尺度火成岩的刻画精度，证明了该方法的有效性。

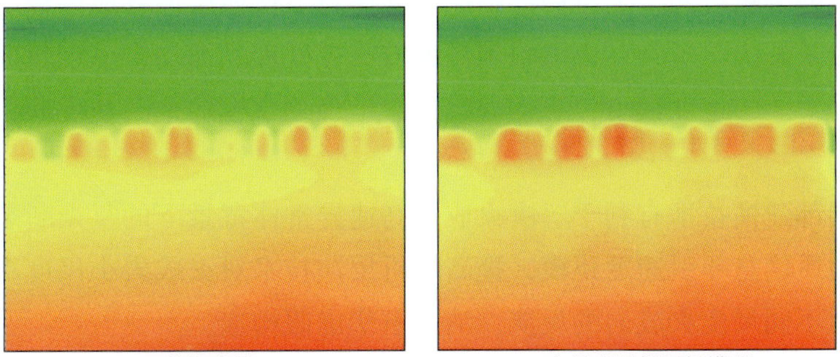

(a)前期成果　　(b)变尺度局部层析模型

图2-4-7 前期建模成果与变尺度局部层析建模成果中火成岩区域速度模型对比

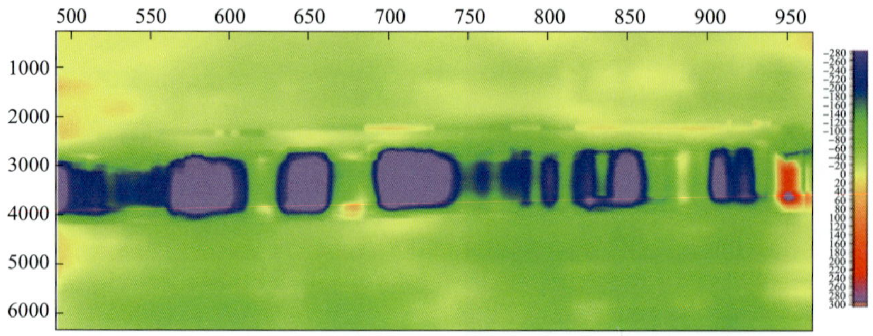

(c)新老成果速度差

图2-4-7　前期建模成果与变尺度局部层析建模成果中火成岩区域速度模型对比(续)

图2-4-8是前期偏移成果与变尺度局部层析技术对应的成像结果对比。可以看出，通过变尺度局部层析后，火成岩下伏地层虚假构造消除，同相轴更加连续，构造更加合理，成像精度显著提升。

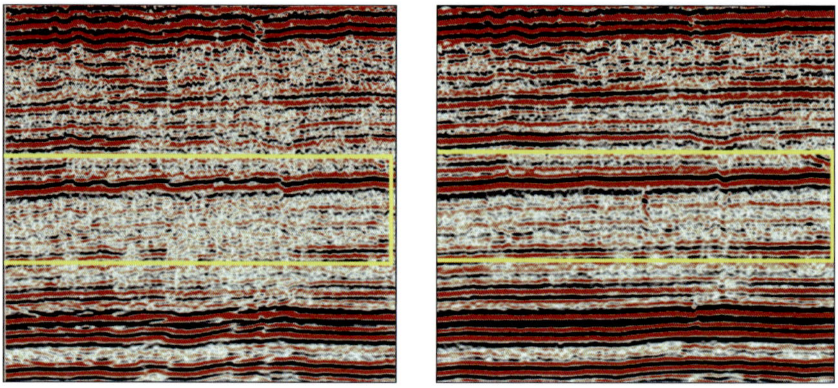

(a)前期偏移成果　　(b)火成岩建模后

图2-4-8　前期偏移成果与变尺度局部层析技术的成像结果对比

4. 启示

通过本案例的分析可知，上覆局部高速异常体对下伏地层偏移成像精度的影响是巨大的，时间域成像是解决不了的，必须采用深度域成像处理。即使在深度域成像，如果不能精确刻画上覆异常体的速度模型，下伏地层也会出现继承性的上凸状虚假构造，易陷入解释陷阱。

精细化的局部建模技术有利于解决火成岩高速异常体背景下的复杂断裂储集体成像难题，结合定量地质信息导引速度建模，提高层析反演技术对火成岩小尺度高速异常体的适应能力，实现对不同尺度火成岩的反演，消除下伏虚假构造。

基于类似的方法原理，该技术可以推广应用于刻画局部低速异常体，例如煤矿采空区、浅层河道等。图2-4-9给出了一个局部低速异常体建模的案例，该区域存在浅层采空区影响，采用如图 2－4－9(a)所示的速度模型进行偏移成像，结果如图 2－4－10(a)所示。显然，由于速度模型未能精确刻画低速异常体，导致异常体下伏地层波组下拉，成像质量差。若采用局部层析建模技术，通过重新调整异常体发育区速度更新权重，可以实现对该区低速异常体的分辨[见图 2－4－9(b)]，从而提高下伏地层的成像精度，如图 2－4－10(b)所示。

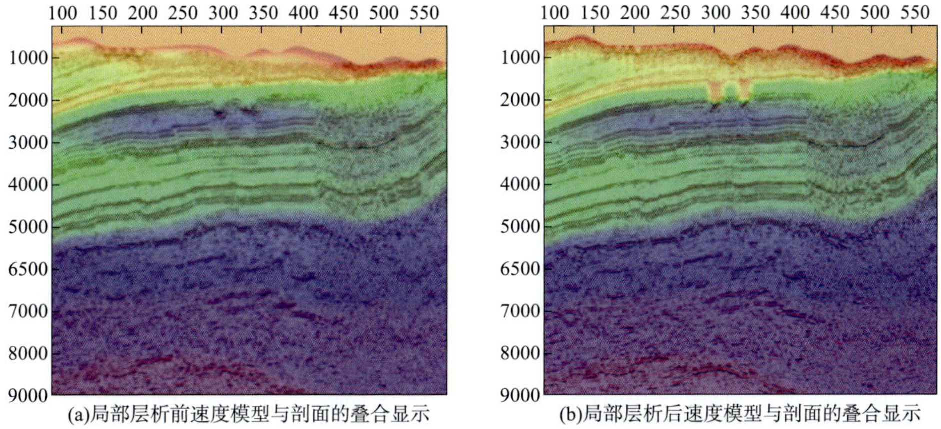

(a)局部层析前速度模型与剖面的叠合显示　(b)局部层析后速度模型与剖面的叠合显示

图 2－4－9　低速异常体局部层析前后速度模型与剖面叠合

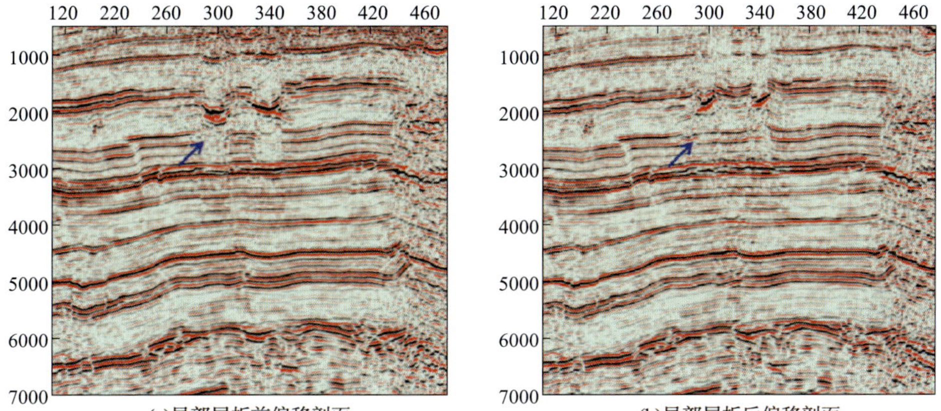

(a)局部层析前偏移剖面　(b)局部层析后偏移剖面

图 2－4－10　低速异常体局部层析前后成像剖面对比

总之，在上覆地层包含局部速度异常体时(不管是高速还是低速)，对下伏地层的偏移成像精度的影响巨大。当遇到此类地质现象时，如果下伏地层出现了不正常的反射特征，我们首先要想到速度异常体对地震成像的影响，避免解释陷阱。精细化的局部速度建模技术匹配高精度的叠前深度偏移技术(如 RTM)，是解决此类速度异常体背景下的复杂断裂储集体成像的有效手段。

案例5：复杂断块成像的速度精度陷阱

1. 问题与现象

东部断陷盆地断裂系统发育，次序级断裂体系复杂，有利的断控储层表现为“薄、碎、小、隐、深”等特点，准确查明断裂系统、确定断裂的准确位置是油气勘探部署的关键所在。以松辽盆地某探区为例，见图2-5-1(b)所示；该区深部断陷层小断裂发育，波场复杂，利用常规深度域速度建模成像得到的地震剖面断点不干脆、断面不清晰，在钻探过程中出现了上下盘地层解释错误、钻井偏移目的层的现象，导致钻探失利。初步分析认为深层发育的多组断裂系统对速度较为敏感，而常规深度域速度建模没有针对断裂的反演手段，速度反演精度不足可能是深度偏移成像不准确的陷阱。

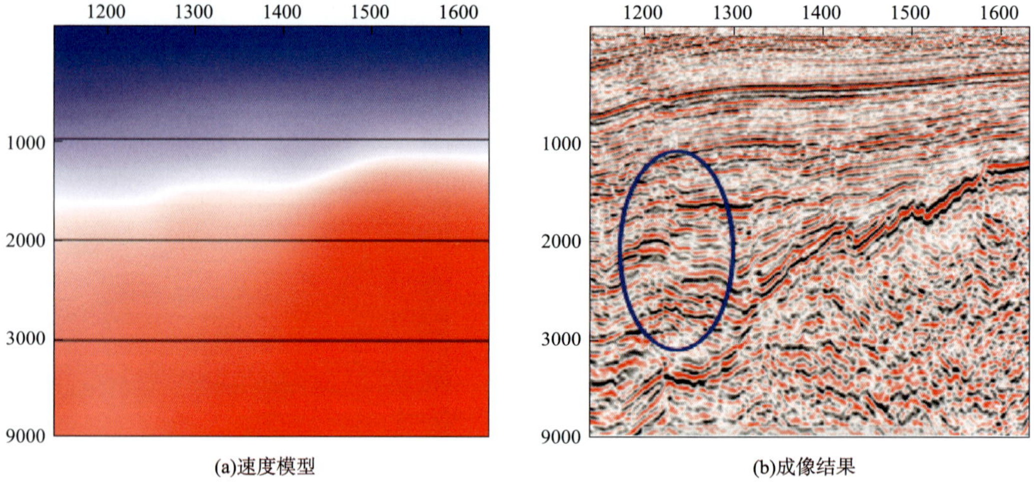

图2-5-1　松辽盆地某探区前期建模成像结果

2. 原因分析

复杂断块成像对速度较为敏感，不同的速度模型对应的构造定位和形态差异较大，特别是针对深层小断块成像，对速度精度依赖性非常大，速度的高频误差会造成断块成像不清。如图2-5-1(a)所示，仅反演低波数的背景速度模型难以满足小尺度断块的成像精度要求，导致小尺度复杂断块和次序级断裂体系成像分辨率不足、成像精度不够。因此，对于小尺度断裂等构造的精细成像，需要反演出速度的高波数分量，特别要有能反映断面存在的速度模型，以满足高精度成像需求。

3. 解决方案

针对复杂断块成像，关键是通过断控高精度速度反演刻画出速度的中高波数分量，特别是提高复杂断块的速度反演精度。

这里建议采用断控高斯束层析速度建模技术，提高速度建模精度。首先是利用高斯束传播算子计算层析核函数，实现速度模型的高分辨反演，提高复杂构造速度模型反演的精度与稳定性；然后，在此基础上，基于地震成像数据体提取断裂特征信息作为反演的正则化约束条件，实现对层析反演的“断控约束”，进一步缓解层析反演的多解性，提高断面反演分辨率，得到细节更加丰富的高精度速度模型，从而提高复杂断块成像质量。断控高斯束层析速度建模技术流程同常规射线层析反演的流程基本一致，流程见图 2－5－2。

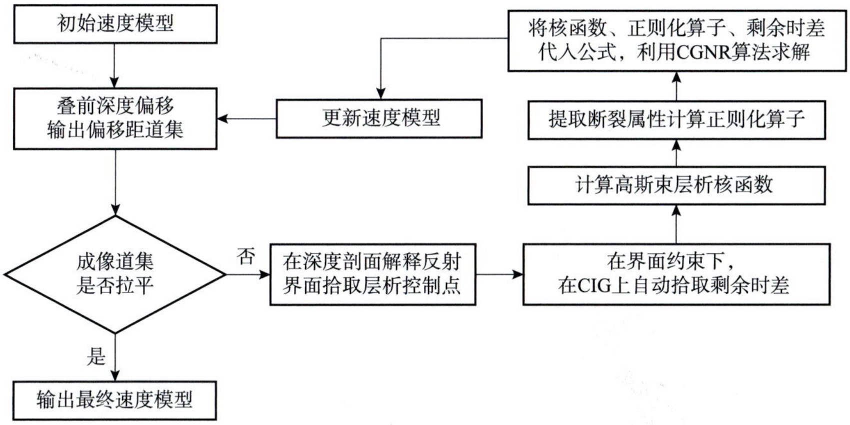

图 2－5－2　断控高斯束层析速度建模技术流程

该技术包含高斯束层析反演及断控正则化两项核心技术。首先，在核心算法上，采用波动方程线性化近似下推导出的高斯束算子计算层析核函数，见图 2－5－3。显然，相比于常规射线层析，高斯束层析核函数模拟的波传播路径更加接近波的实际传播，这缓解了射线方法中矩阵的稀疏性问题，反演精度更高。

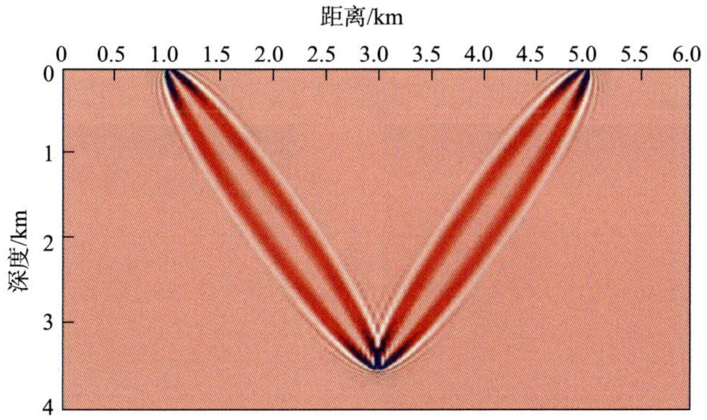

图 2－5－3　深度域高斯束层析反演核函数

然后，通过引入断裂信息正则化进一步提高复杂断裂的速度反演精度。预条件模型正则化的高斯束层析反演关键是算子的构建，传统方法常选择空间平滑算子，主要是通过减小层析系数矩阵的条件数，缓解反问题病态性，在矩阵求解的稳定性方面有一定作用。但该方法容易模糊构造边界，反演结果对于边界的刻画较差。本案例建议采用纯数据驱动的结构张量算法提取断裂信息，构建预条件算子。结构张量相当于沿构造梯度的一个平滑解，它可以用于构造的倾角扫描，且平滑过程沿构造进行，达到保边界的效果。相比于其他的构造约束算法，该方法无须指定平滑角度，完全自动提取，计算灵活；且方法的抗噪性较好，即便是在信噪比极低的情况下，该算法也可以得到相对精确的结果。该技术的另外一个优势在于纯数据驱动提取断裂信息，通过多轮迭代收敛达到最优建模成像，避免人为解释引入主观错误认识。

为了验证该技术的有效性，基于相同的深度域初始模型，采用断控高斯束层析建模及 RTM 成像进行实际资料测试，并与常规建模成像方法进行对比。对比分析可以看出，图 2－5－4(b)的断控高斯束层析速度建模分辨率明显高于图 2－5－4(a)常规射线层析建模，有效恢复了速度的中高波数成分，反演结果精度更高。图 2－5－5 更加直观地展示了本案例技术效果，常规网格层析反演方法建模结果能够准确刻画大尺度构造，但所得速度场较为平滑，建模结果中多为速度的低波数分量，缺乏细节信息；断控高斯束层析反演方法实现了从大尺度速度背景场反演到小尺度速度异常体精细刻画，能够反演得到速度的中高波数分量，速度中多组断裂形态清晰可见，速度模型精度明显提升。

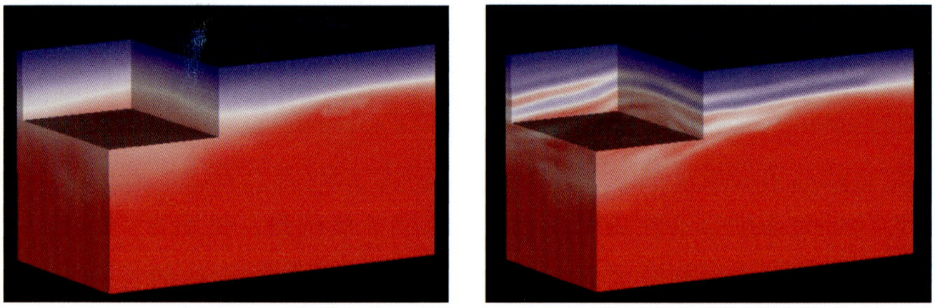

(a)射线层析建模　　(b)断控高斯束层析速度建模

图 2－5－4　不同层析建模方法反演结果对比(三维展示)

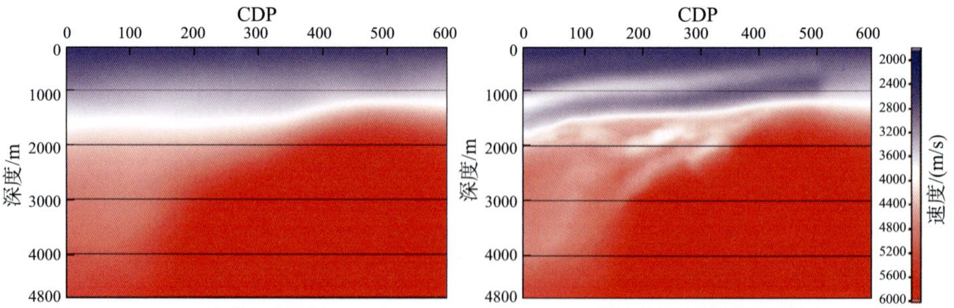

(a)射线层析建模　　(b)断控高斯束层析速度建模

图 2－5－5　不同层析建模方法反演结果对比(二维展示)

为了更清晰地展示图 2-5-5(a)和图 2-5-5(b)的速度精度差异，抽取共深度点(Common Depth Point，CDP)为 100 位置的单道速度进行对比，如图 2-5-6所示。显然，常规网格层析反演的速度趋势与测井速度大致吻合，但精度较差，断裂属性约束层析反演速度更加接近测井曲线，细节更加丰富，模型精度更高。从图 2-5-7 展示的成像对比可知，高斯束层析对应的成像结果对断裂刻画更加清晰，断点干脆，成像效果明显改善。

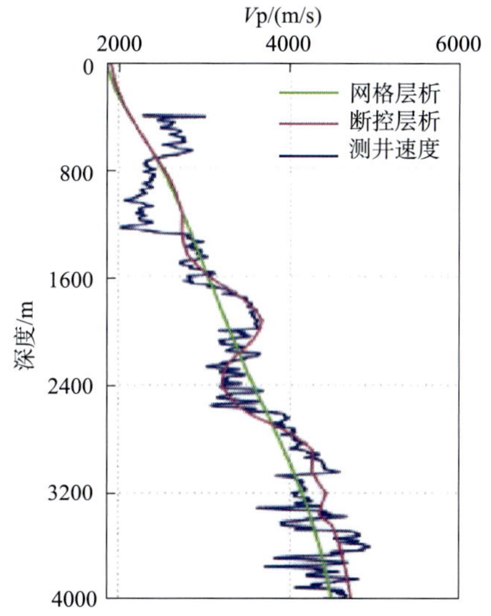

蓝-测井速度，红-断控高斯束层析结果，绿-射线层析结果

图 2-5-6　CDP100 位置单道速度对比

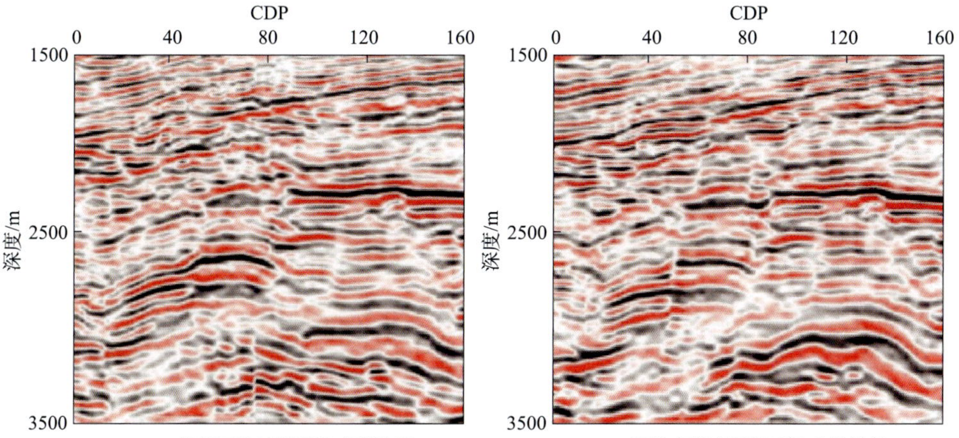

(a)常规网格层析反演成像结果　(b)断控高斯束层析反演成像结果

图 2-5-7　不同速度模型对应的局部成像效果对比

4. 启示

深层复杂低序级断裂系统的成像精度，不仅依赖于高精度的叠前深度偏移技术，更依赖于精确的速度模型。通过提高速度模型高频分量的精度，可以有效改善小断层的成像精度。

构造属性驱动与地质信息引导相结合的速度建模方法，是目前实际生产应用中较为有效的一种手段。通过在速度建模过程中引入断裂属性信息导引，实现复杂断裂附近速度模型的高精度刻画，进而提高复杂断块的成像精度。同时，这也是一种处理解释一体化的工作思路，以地震资料解释信息为基础，通过构建定量的正则化约束算子，指导深度域速度建模工作。实际资料的有效应用也证明了基于断裂属性约束的层析速度建模技术在未来应用中有较大的推广前景。

随着处理解释一体化进程的不断推进，发展多种地球物理资料优势互补的高精度联合速度建模核心技术，能有效提升地球物理资料的三维空间分辨能力。针对复杂断块、隐蔽岩性储层目标，建议进一步研究开发全波形反演建模技术，建立递进式技术流程，提高地层参数建模精度与分辨率，同时匹配研发宽频成像、最小二乘高分辨率成像和黏弹介质逆时偏移成像等技术，以解决“薄、碎、小、隐、深”储层成像分辨率不足、成像精度不够、识别描述困难等问题。

案例6：构造误差的各向异性陷阱

1. 问题与现象

在页岩气开发过程中，为了提高产能和效益，通常是应用水平钻井技术。水平钻井对地质构造的精度(页岩地层的深度和厚度)要求很高，对地震资料的成像精度要求很高。但是在实际生产中，常出现实际钻井与成像不吻合的情况，即成像剖面地层深度与钻遇层位深度之间存在较大差异，如四川盆地某探区常规的成像结果与测井数据的深度误差均在10m以上，最大近100m，相对误差最大达到了3.7%(见表2-6-1)。井震误差一般可以归结为两种构造假象：一种是地层产状假象，即成像剖面地层倾角与水平钻井实测地层倾角不一致，甚至地层倾向倒转，俗称“跷跷板”现象(见图2-6-1)，纵向的成像深度误差在横向延伸时，导致地层产状假象。另一种是波组接触关系假象，即波组的合并、分叉等接触关系错乱现象，导致地层和断裂构造解释错误(见图2-6-2)。

表2-6-1 各向同性处理结果井震误差

井	绝对误差/m	相对误差/%	井	绝对误差/m	相对误差/%
1	-18	-0.6	9	-14	-0.4
2	-34	-1.0	10	48	1.5
3	-58	-1.6	11	15	0.4
4	-16	-0.6	12	-99	-3.7
5	-47	-1.4	13	21	0.6
6	-54	-1.6	14	97	2.9
7	-72	-2.7	15	114	2.8
8	-82	-2.9			

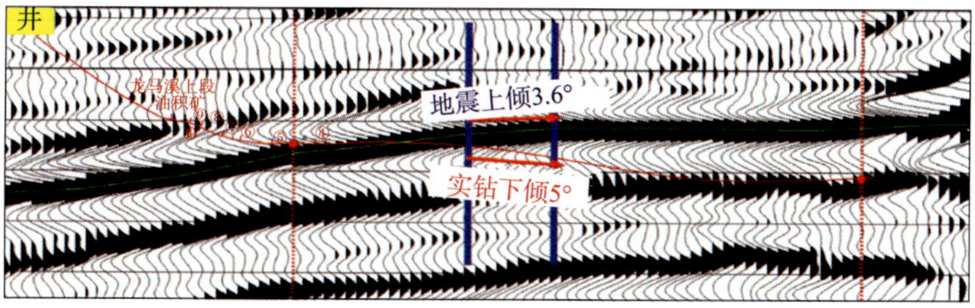

图 2-6-1 地震和实钻地层倾向的“跷跷板”现象

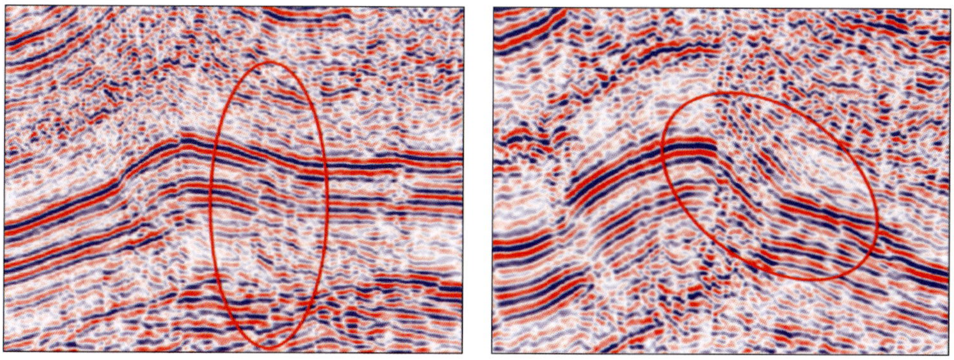

图 2-6-2 断裂假构造

2. 原因分析

正如前面案例展示的地震成像误差原因很多，如静校正、近地表建模、复杂构造建模、叠前时间偏移与叠前深度偏移等环节都可能形成误差。该案例误差的原因主要是由地震各向异性引起的。

从该区地下介质存在倾斜的薄互层沉积现象来看，存在较强的各向异性特征(见图 2-6-3)。采用基于各向同性理论的成像方法和技术，对各向异性发育地区的地震资料进行处理，成像结果存在构造空间位置和形态假象是必然的。

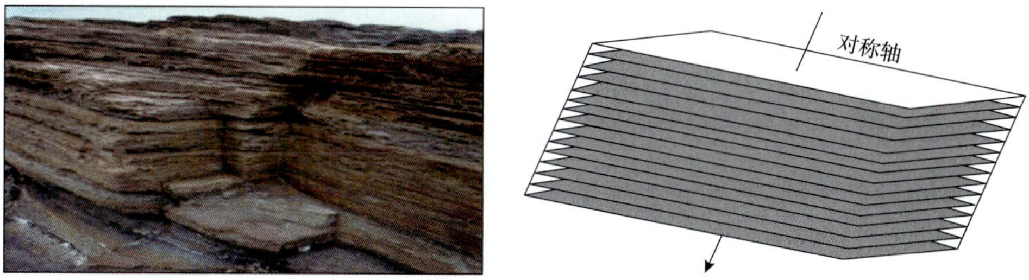

图 2-6-3 薄互层沉积露头(左)及 TTI 各向异性示意图(右)

因此，可以断定造成上述两种成像假象的根本原因是基于各向同性理论假设的地震成像技术不能很好地描述各向异性介质的波传播现象，引起速度反演建模和成像误差。

在各向异性 CMP 道集上进行各向同性速度分析，在近偏移距道集拉平的情况下，远偏移距道集仍然上翘严重[见图2-6-4(b)~(c)]。常见做法是继续调整速度使成像道集达到最佳能量聚焦，道集呈现中间下拉，两头上翘的形态[见图2-6-4(d)~(e)]。此时，成像道集聚焦性相对最强，但是速度不准确，相比于各向异性的真实速度，垂向偏大，横向偏小(见图2-6-5)。在水平层状地层往往出现成像深度偏深的情况，在陡倾角地层往往出现聚焦差、成像深度偏浅的情况。因此，在各向异性工区必须采用对应的各向异性处理方法，才能获得准确的偏移速度，得到高精度的成像结果。

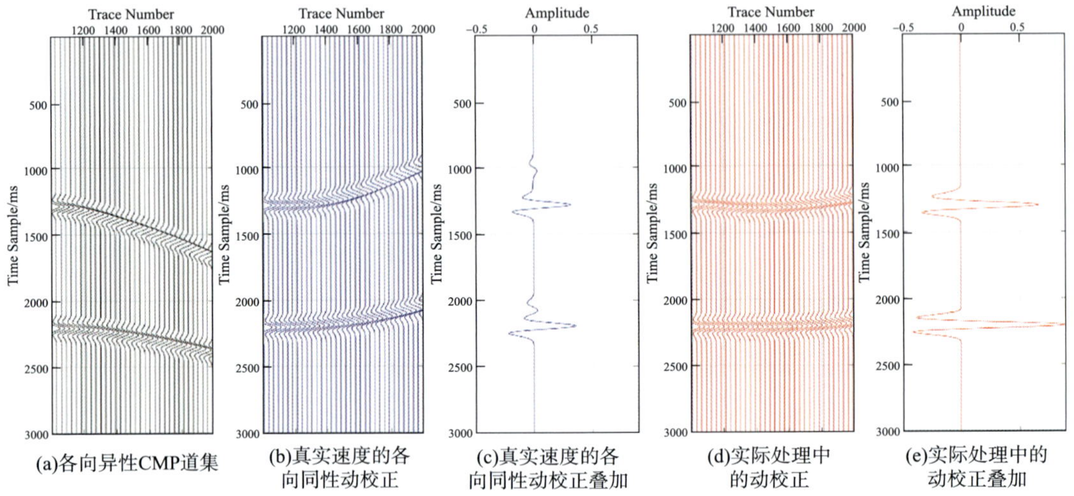

图2-6-4 各向异性道集的各向同性速度分析

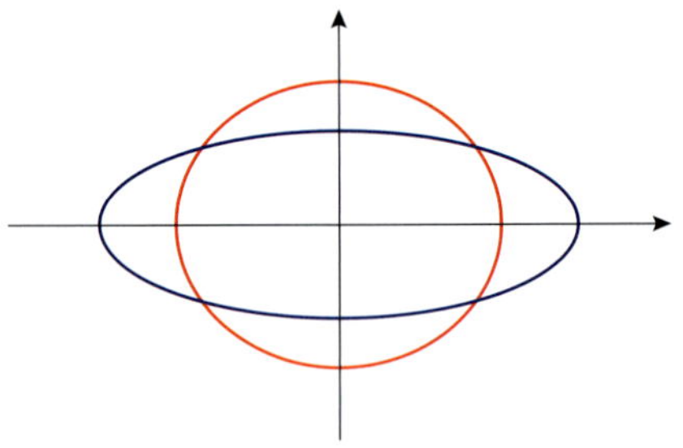

图2-6-5 各向同性和各向异性的速度(蓝：各向异性速度，红：各向同性速度)

3. 解决方案

针对各向异性介质发育、各向异性程度较强、各向同性处理无法准确描述地震波传播的区域，必须采用各向异性相关技术进行处理。各向异性介质参数包括 V_{p0}、ε、δ、θ、φ，其建模及成像流程如下(见图2-6-6)：

第一步，井震结合提取具有倾斜对称轴的横向各向同性(Tilted Transverse Isotropy, TTI)各向异性参数。首先，利用部分测井数据和地震剖面的层位信息，采用厚度比例法计算 δ，沿层外推形成 δ 体；固定 δ，采用最优拟合的CMP道集双参数扫描方法，提取 V_{p0}、ε，建立 V_{p0}、ε、δ 三参数的初始模型；充分利用测井数据，通过高精度自动扫描得到地层

倾角和方位角 θ、φ，进行井旁局部层析反演，进一步提高 V_{p0}、ε、δ 三参数初始模型的精度，建立精度较高的各向异性参数初始模型。

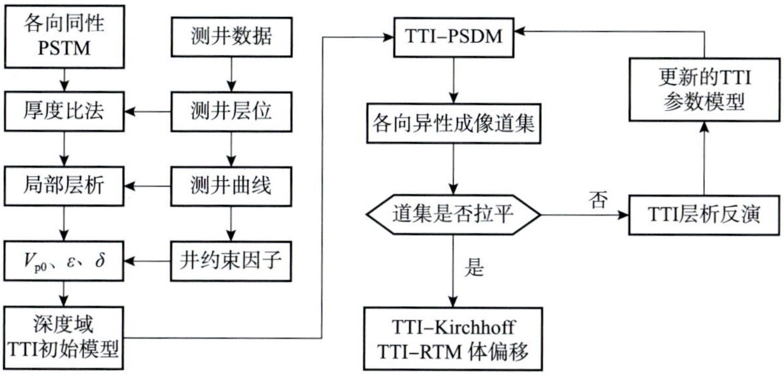

图 2－6－6　各向异性建模流程

第二步，叠前深度偏移及成像道集提取。叠前深度偏移获得偏移距域成像道集，对道集进行适当的处理，提高成像道集信噪比，便于后续识别，提高拾取精度。

第三步，各向异性介质射线追踪及各向异性正则化多参数联合层析反演。射线追踪方面，相速度法射线追踪效率高、运算稳定，能够输出射线出射角，有利于各向异性介质相角的计算，得到射线的路径、长度和旅行时（见图 2－6－7），建立层析反演矩阵。正则化方面，采用模型加数据正则化，引入特殊地质体构造约束，降低平滑的影响，保留地质构造特征（见图 2－6－8）；用等效参数联合反演方法代替传统的顺序反演和归一化联合反演方法，消除数量级不一致导致的反演不稳定现象，建立各向异性参数精细模型（见图 2－6－9），为下一步偏移成像提供可靠模型数据。

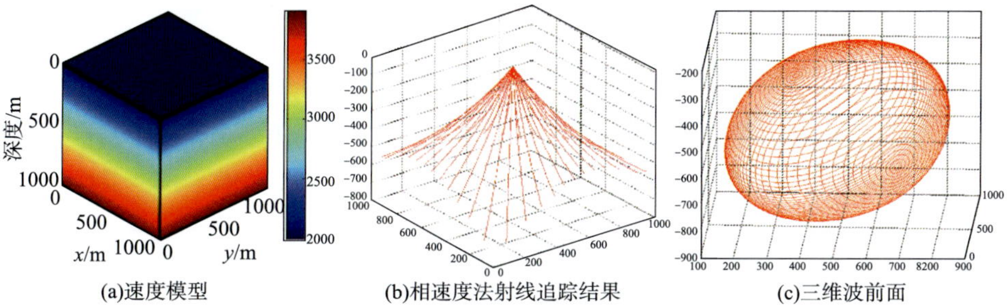

(a)速度模型　(b)相速度法射线追踪结果　(c)三维波前面

图 2－6－7　相速度法各向异性介质射线追踪

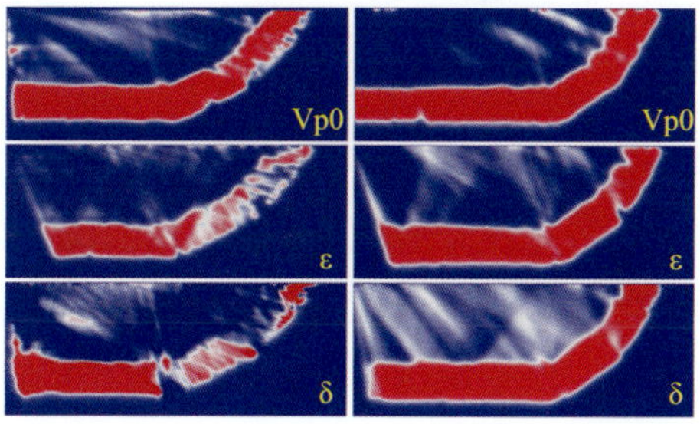

图 2－6－8　常规层析反演（左）和基于模型＋数据正则化的层析反演（右）结果

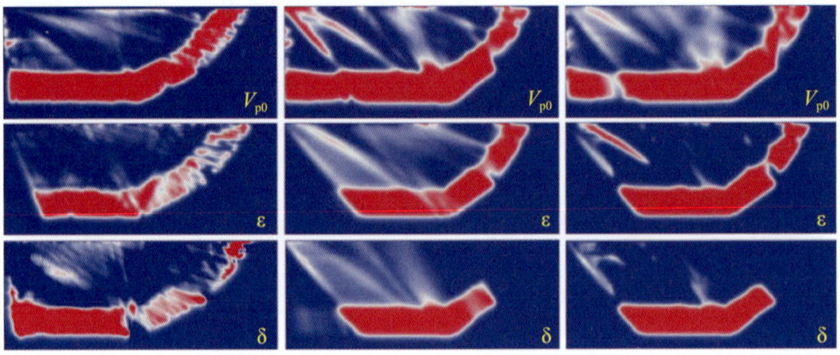

图2-6-9　常规层析反演(左)、归一化层析反演(中)和等效参数层析反演(右)结果

第四步，TTI各向异性逆时偏移成像。高精度的成像离不开高精度的参数模型，在上一步提供的精细各向异性参数模型的基础上，采用现阶段较为先进的逆时偏移成像方法(见图2-6-10)，得到频带较宽、细节丰富、信息准确的成像数据。

各向同性处理的成像剖面整体质量较差，分辨率和信噪比偏低，采用TTI各向异性建模成像方法处理的成像剖面质量明显提升(见图2-6-10)，同相轴的连续性和聚焦性增强，构造信息丰富、真实，分辨率和信噪比提高，波组信息合理，保真性增强。

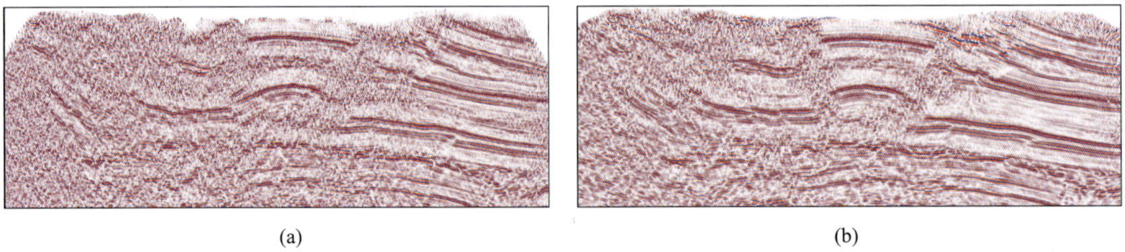

图2-6-10　各向同性(a)和各向异性(b)偏移成像结果

经TTI各向异性处理后，目的层地震垂深和实钻垂深的深度误差明显缩小(见图2-6-11)，且水平井轨迹与地震成像结果吻合度提高(见图2-6-12)，工区范围内已钻井的井震误差都达到了相对误差绝对值小于1%的勘探精度要求(见表2-6-2)。

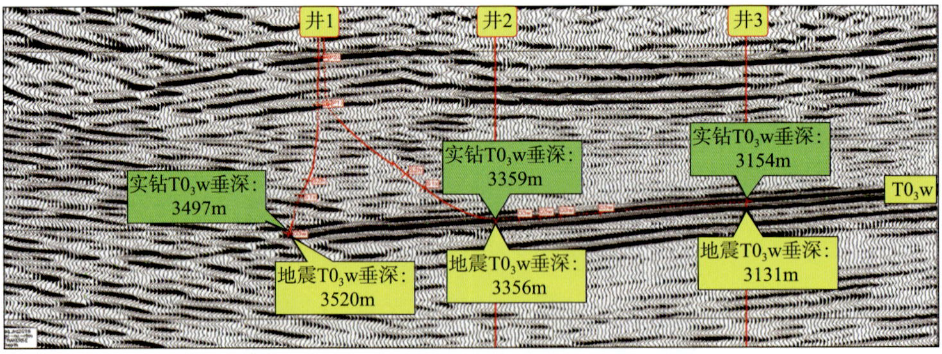

图2-6-11　地震垂深和实钻垂深吻合度提高

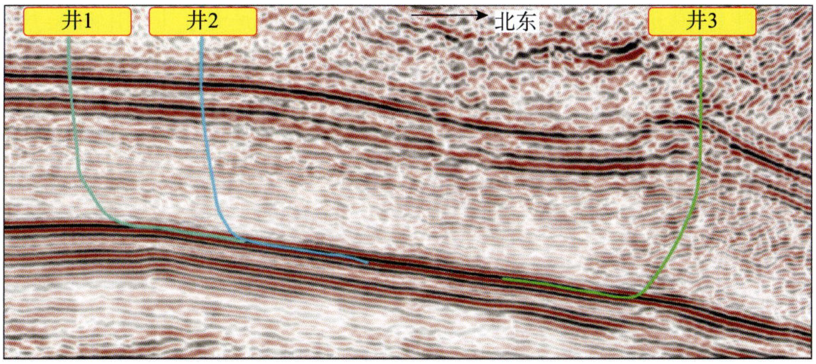

图2-6-12 水平井轨迹与地震成像结果吻合度提高

表2-6-2 各向异性处理结果井震误差

井	绝对误差/m	相对误差/%	井	绝对误差/m	相对误差/%
1	-3.05	-0.1%	9	0.18	0.0%
2	5.0	0.1%	10	7.65	0.3%
3	-2.6	-0.1%	11	-3.43	-0.1%
4	-20.64	-0.5%	12	-21.21	-0.5%
5	2.36	0.1%	13	7.0	0.3%
6	-0.36	0.0%	14	-3.58	-0.1%
7	-0.12	0.0%	15	7.86	0.3%
8	-12.0	-0.4%			

图2-6-13上图各向同性偏移结果显示地层上倾3.6°，而实钻显示地层下倾5°，地层倾向倒转，俗称“跷跷板”现象。经TTI各向异性处理后图2-6-13下图，地震显示地层下倾5°，与水平井实钻情况吻合度非常高，该成果为水平井的勘探开发提供了可靠的依据，从而提高钻井成功率。

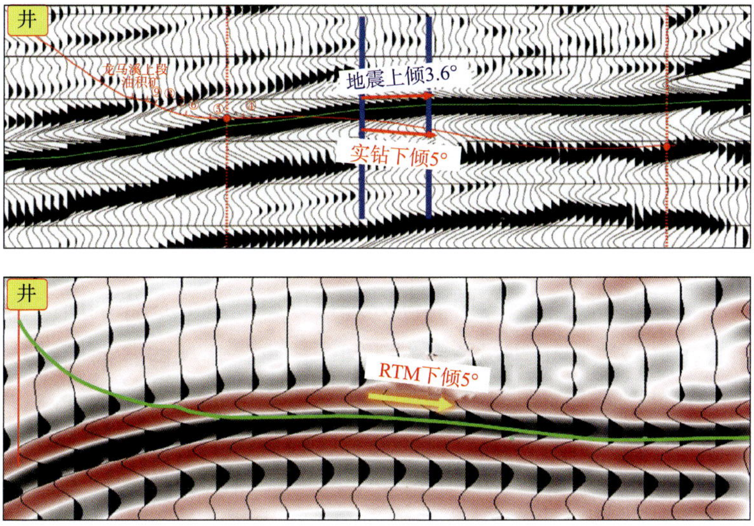

图2-6-13 各向同性(上)和各向异性(下)处理得到的偏移成像结果与井轨迹(水平井)

经 TTI 各向异性建模成像处理后，成像结果信噪比提升，同相轴聚焦性和连续性增强，构造更加合理，假构造明显消失（见图 2－6－14），断裂假构造现象也得到明显改善（见图 2－6－15），提高了储层描述和构造解释的精度，降低了多解性。

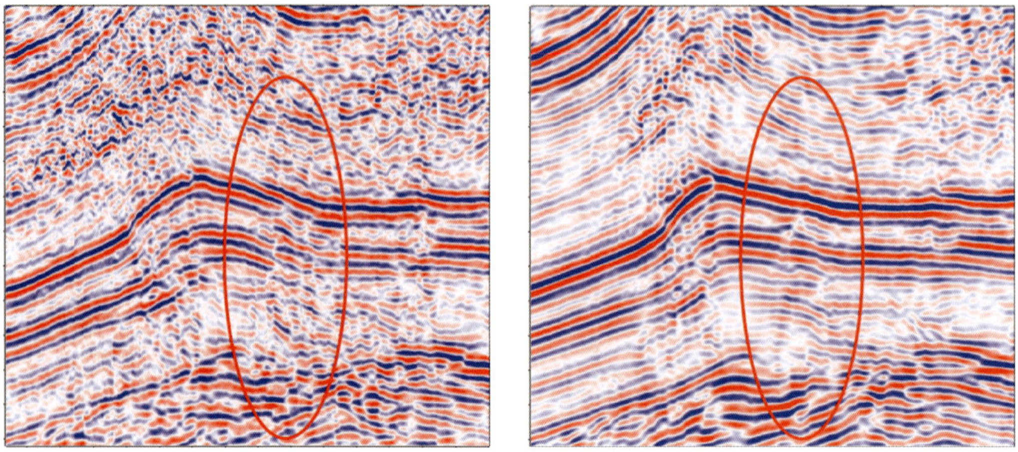

图 2－6－14　各向同性（左）和各向异性（右）处理得到的偏移成像结果

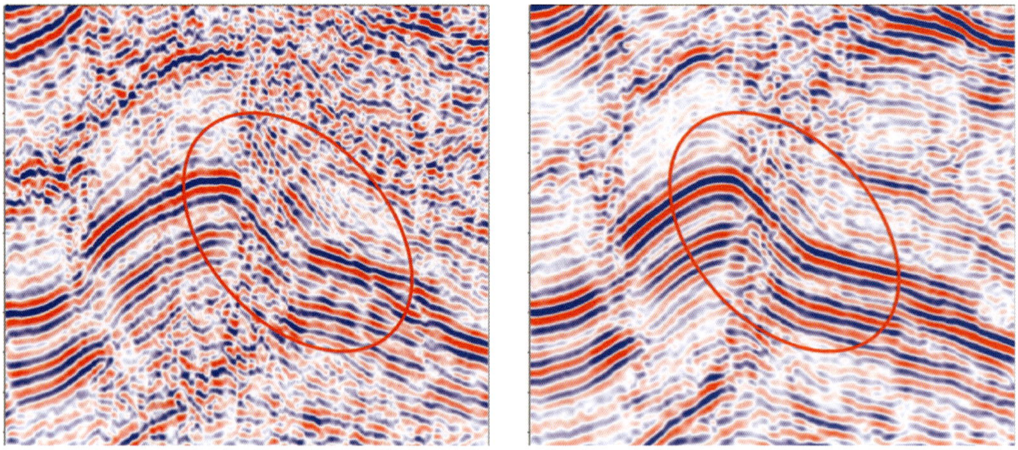

图 2－6－15　各向同性（左）和各向异性（右）处理得到的偏移成像结果

4. 启示

在地质条件相对简单的地区，各向同性处理可以得到较好成像剖面。而对于复杂地质结构和复杂储层目标区域，由于地层各向异性问题严重，常规的各向同性成像处理技术不能正确地成像各向异性的地质体，必然带来构造和深度的误差。因此，在高陡断裂各向异性问题严重的区域，必须应用各向异性成像处理技术。

TTI 各向异性处理能够解决复杂高陡构造各向异性问题，可以提高成像分辨率、减小成像误差、消除成像假构造，在四川页岩气储层和西北碳酸盐岩储层成像实际应用中取得了不错效果。在进行 TTI 各向异性处理之前，应消除静校正、近地表速度建模、时深转换等造成的精度误差，充分分析工区各向异性强弱和影响程度，建立准确的各向异性参数模型，才能获得高精度的成像结果。

TTI 各向异性处理技术也存在理论局限，对于裂缝引起的方位各向异性介质则不适用，需要更加先进的正交各向异性处理方法，解决由于裂缝方位速度差异造成的速度刻画不准确问题，提高裂缝和孔洞成像精度。因此，在一个复杂各向异性工区，应先消除各向异性以外其他因素的干扰，判断各向异性类型，再分析各向异性强弱，最后采用不同各向异性处理方法相结合的方式综合解决工区各向异性问题。

第三章

深层复杂储层与流体识别陷阱

目前，我国深层油气勘探的地质目标主要为致密碎屑岩薄砂层、碳酸盐岩的岩溶缝洞型、礁滩孔隙型、白云岩孔隙型和裂缝型等储层，它们往往具有埋藏深、尺度小、非均质性强等特点，而与之对应的地震波场往往是信号弱、信噪比低、分辨率低，储层预测与流体识别的难度大。

通常，地震勘探技术主要是运用地震波的运动学属性旅行时来落实地质构造，应用地震波的动力学属性振幅、相位、频率及弹性参数等来描述和识别深层复杂储层与流体。多年来，针对复杂储层识别描述的新技术不断涌现，以叠前弹性反演、AVO 属性为主的储层和流体预测技术为薄储层识别、小缝洞的定量描述、流体检测提供了有效手段，但是这些技术的应用是有条件的，是要有岩石物理基础、适用的地震资料和有效的方法；如果方法不对症、没有岩石物理基础或资料条件不满足，就会存在预测结果的多解性和陷阱。

本章节列举 8 个典型的案例，重点围绕着深层地质体与流体识别的地震分辨率、强反射、假串珠及时窗参数、数据、方法等的适应性，列举了相关的案例，展示了与地震分辨率、资料条件、特殊地质体、地震属性提取、数据适用性、流体识别方法等相关的陷阱。每个案例针对其中一个特定的问题和现象，分析了相关技术原因，提出了规避风险的一些做法和建议。这里特别需要强调的是“属性提取时窗参数”“流体预测的数据不适应”“AVO 反演的方法不适用”和“地震属性的多解性”等，这些是储层与流体预测最常见的陷阱，一定要在生产应用中回避。

案例 1：薄储层识别的地震资料分辨率陷阱

1. 问题与现象

四川盆地川东北地区已经在大安寨段湖相介壳灰岩见到良好的天然气勘探效果；大安寨段岩性为粉砂岩、泥岩、介壳灰岩，呈不等厚互层，泥质岩颜色以灰色、深灰色为主，反映浅湖相—半深湖的还原环境；介壳灰岩厚度一般小于 10m，其发育程度受沉积相带控制，主要发育于湖坡和浅湖环境，一般具有低孔低渗的特点，裂缝对其具有改善作用，描述大安寨段有利沉积相带的展布、刻画裂缝发育情况是寻找该层系气藏的关键。

在该层系的早期研究过程中，是利用常规处理的地震资料，该资料从浅至深整体信噪比较高，但针对深层地震分辨率较低，介壳灰岩地震反射特征不明显，无论是利用地震属性或地震反演技术都很难识别介壳灰岩，难以把握介壳灰岩发育的规律性，制约了该区勘探开发的进程。

2. 原因分析

从地震资料与钻井的标定结果看，尽管介壳灰岩的地震波阻抗与泥岩间具有较大的差异，采用地震波阻抗反演及振幅属性预测介壳灰岩具有很好的理论基础，但是由于介壳灰岩的厚度非常薄，地震剖面的分辨率较低，在常规处理的剖面上(图3－1－1)，我们只能看到一个“宽波谷”对应着近百米的地层厚度，其振幅频率等特征是大套地层的综合响应，其地震属性与介壳灰岩发育的相关度很低；因此，地震分辨率的不足是导致介壳灰岩难以识别刻画的主要原因。

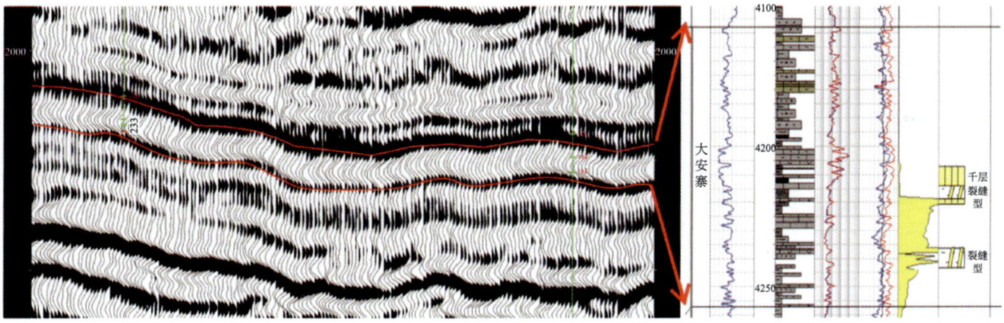

图3－1－1　常规处理地震剖面

3. 解决方案

针对本案大安寨段介壳灰岩难以识别刻画的问题，首先分析论证了原始地震资料的品质，认为该区地震资料具有较高的信噪比，地震资料具有进一步提高分辨率的潜力。因此，提出了高分辨率目标处理加沉积相解释的方案，目的是进一步挖掘地震资料的潜力，深化对大安寨段介壳灰岩的认识。

1)高分辨率处理

本区采集的地震资料品质整体较好，但也存在一些对资料处理质量不利的因素，如资料干扰波发育，静校正问题严重，速度横向变化快，速度场复杂，在品质、能量、频率等方面存在横向一致性较差等问题。但同时看到，目的层段频带宽度较宽(5～65Hz)，具有进一步提高分辨率的潜力。

针对资料的特点，在静校正和速度方面，采用微测井约束的层析静校正，求取准确合理的近地表静校正量，校正由地表引起的长波长和短波长问题；然后运用速度分析和剩余静校正多次迭代技术，逐步提高速度资料和剩余静校正的质量；静校正后，在原始资料有效波的优势频带内，正确识别干扰波类型，采用有针对性的噪声压制技术进行去噪；去噪后，采用串联预测反褶积、反 Q 滤波等技术，在叠前、叠后再适当提频，逐级提高处理成果的分辨率。地表一致性反褶积能提高整体频率，而且能有效地消除频率的不一致性，单道预测反褶积可以改善储层弱反射的品质，在叠后再适当采用协调反褶积和蓝色滤波处理技术，可进一步提高分辨率。

图 3－1－2 是高分辨率处理前后的剖面对比和目的层段频谱图，图 3－1－2(a)是常规处理数据地震主频为 25Hz 左右，有效频带宽度为 8～58Hz，地震剖面波组特征清晰，与 25Hz 雷克子波制作的合成地震记录吻合很好；图 3－1－2(b)是高分辨率处理数据地震主频为 35Hz 左右，有效频带宽度为 10～75Hz，与原资料比较，主要特征波一致，层间弱反射波组特征更清晰，与 35Hz 雷克子波制作的合成地震记录吻合很好。

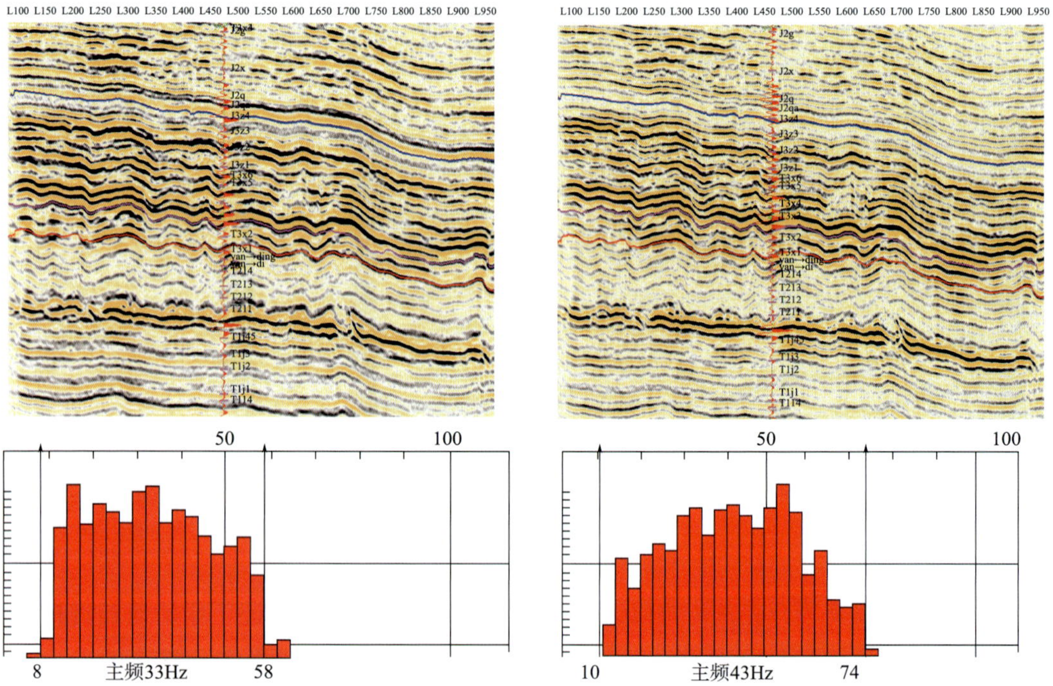

(a)常规处理剖面、25Hz主频零相位

(b)高分辨率处理剖面、35Hz主频零相位

图 3－1－2　高分辨率处理前后剖面及高分辨率处理前后主频对比图

高分辨率处理最终获得的数据体，其成像效果好、信噪比高、分辨率高、反射结构清楚、断层清晰，尤其是主要反射层的地震反射波组特征、波组结构均更加清楚。

高分辨率处理后(见图 3－1－3)，大安寨段内部的“宽波谷”复合波组得到分离，波谷反射段内出现了明显的波峰，即反射由原来的“U”形变为“W”波形，而且“W”的上、下波谷振幅特征出现了突变现象，也出现了分叉合并的现象，这种能量与相位的转换反映出储层纵横向变化的特征，这为我们进一步认识沉积相带、识别描述储层和裂缝提供了较好的地震资料。

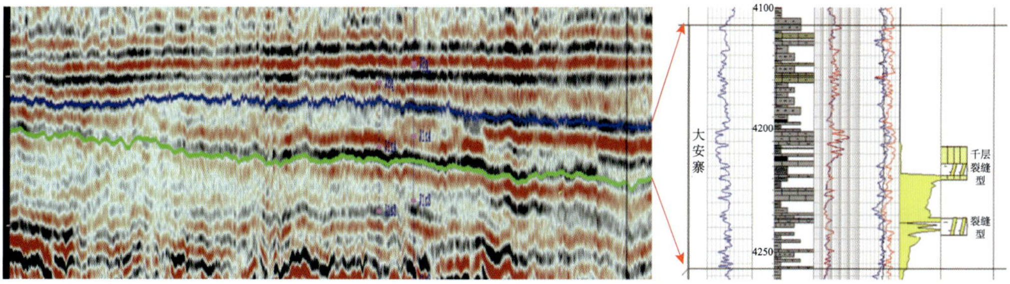

图 3－1－3　高分辨率目标处理的地震剖面

2）介壳灰岩有利相带分布

利用高分辨率处理的资料，采用均方根振幅属性和波形特征刻画了大安寨段介壳灰岩有利相带的展布，见图 3－1－4。分析认为：研究区南部的弱振幅区在湖侵期为半深湖环境，水体深，介壳灰岩不发育，只在局部高点部位分布零星点状的介壳灰岩；工区中部的强振幅区为浅湖和湖坡相，水体深度适宜，介壳灰岩发育，局部强振幅呈平行于或斜交于湖岸的条带状，反映介壳灰岩的富集部位，获得良好天然气钻探效果的钻井均在该条带内（红黄色条带）；工区西北部在湖侵期为滨湖相，地势较高，介壳灰岩不发育。

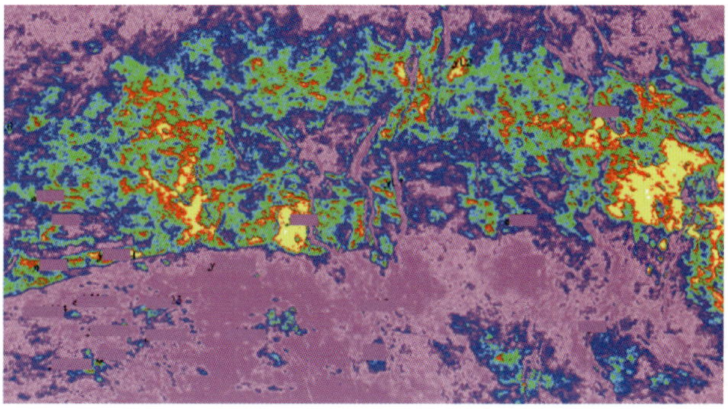

图 3－1－4　湖侵期大安寨段介壳灰岩分布图

后期钻井成果印证了高分辨率处理数据的合理性，高分辨率处理提高了薄储层预测精度。

4. 启示

薄储层预测的准确性取决于地震资料的分辨率，而地震资料分辨率不够是普遍的现象。提高地震资料的分辨率有很多途径，在第一章案例 5 中提及到很多方法，有的方法保真度高，也有的方法保真度低，我们必须选用保真度高的方法。

本案例采用的高分辨率处理方法，坚持了保真保幅的原则，针对资料品质较好的特点选用了适宜的方法，应用合成地震记录和平面地震属性作为质量监控手段，适当提高了地震资料的分辨率，丰富了地震资料的信息，提高了应用地震属性进行岩性预测的可靠性。

因此，在开展薄储层预测研究中，首先要考虑的是地震资料的分辨率，然后尽可能地应用保真方法适度提高地震资料的分辨率，在没有叠前处理条件时，可以应用叠后提频手段提高地震资料的分辨率，判定提频保真的原则是提频数据与合成地震记录有较好的相关性。

案例 2：缝洞型储层识别的强反射界面陷阱

1. 问题与现象

我国塔里木盆地奥陶系风化壳顶部的岩溶缝洞体是重要的油气勘探目标，多年的勘探实践表明：串珠反射特征是岩溶缝洞体的主要地震反射模式。奥陶系顶面是不整合面，为海相碳酸盐岩与陆相碎屑岩的分界面，存在大的波阻抗差，在地震剖面上形成强反射；受该强反射波的影响，风化壳内幕的小规模缝洞集合体的“串珠反射特征”因反射能量弱往往被湮没，岩溶缝洞储层识别困难。图 3 -2 -1 是一条叠前深度偏移连片处理结果，对于距离风化界面较远的缝洞体串珠成像清晰，近风化面的反射段内很难识别到振幅异常，强反射层之下 60ms 时窗内提取的振幅属性呈片状分布，难以根据振幅波谷能量的强、弱识别储层(图 3 -2 -2)；时窗振幅属性指示的储层发育区域与钻井揭示的缝洞型储层实际分布范围不相符。因此，如何解决强反射下串珠精细成像及后续的储层识别，避免强反射界面干扰陷阱是该区缝洞识别面临的主要问题。

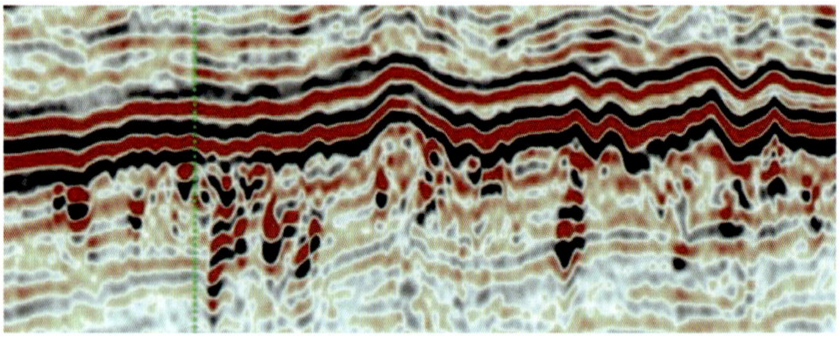

图 3 -2 -1 前期 PSDM 成像剖面

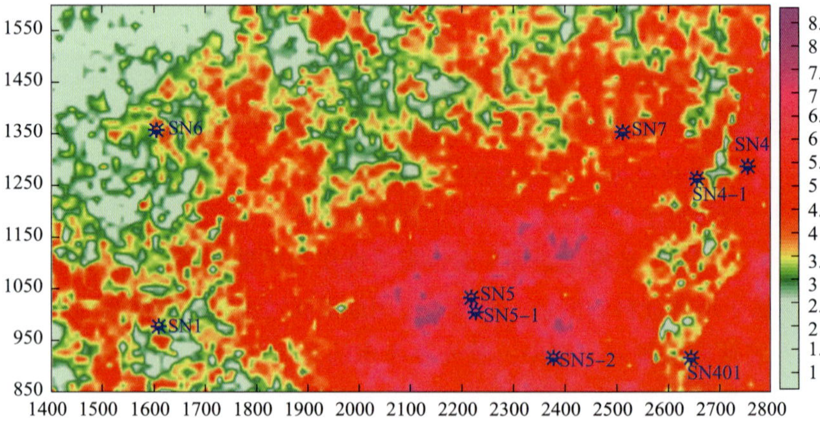

图 3 -2 -2 风化面之下 60ms 时窗的最大波谷振幅属性图

2. 原因分析

由于风化壳界面存在较大的波阻抗差异，在地震剖面上形成“两谷夹一峰”的连续强反射界面，风化壳顶部储层的反射能量较弱，造成“红波谷”内隐藏的小规模缝洞体的小串珠被强反射湮没。

众所周知：当地震波入射到界面上会发生反射现象，反射现象遵循斯奈尔定律，即入射射线和反射射线在同一个平面内，并且分布在界面法线两侧，入射角等于反射角。当地震波入射到小尺度的溶洞或是裂缝发育带上的时候，其表现特征与反射并不相同，即使入射波有一个明确的方向，响应均表现为散射特征，如图3－2－3所示。

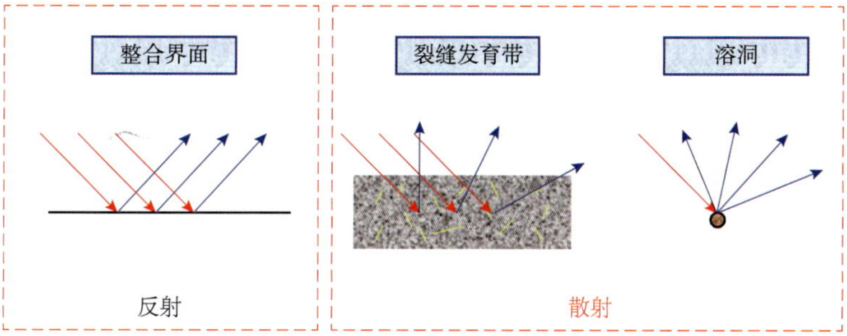

图3－2－3 散射波与传统反射波的不同示意图

造成缝洞的地震响应被界面强反射湮没的主要原因是代表小尺度的散射波信息与代表界面的反射波信息相互混叠，导致在成像的过程中混叠的波场成像相互干涉，同时储层的响应能量与风化界面响应能量相比很弱，干涉的结果是储层的响应被界面的响应所湮没，难以识别。其示意图如图3－2－4所示。

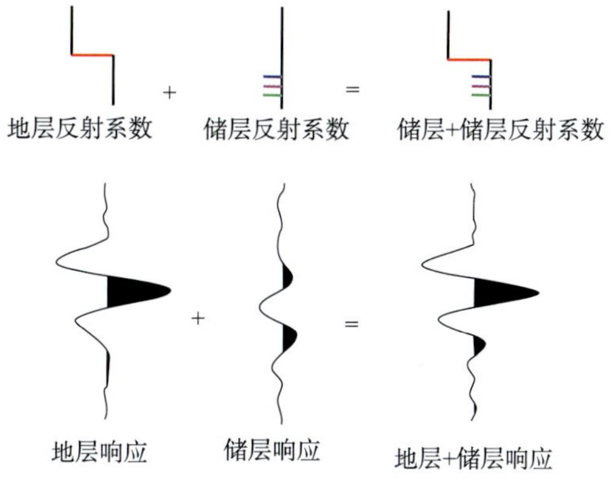

图3－2－4 强反射产生的原因及对下伏储层影响示意图

3. 解决方案

解决此类问题主要从成像和储层目标处理两个方面来进行：

一是基于小尺度缝洞主要是散射波响应的原理，应用散射波分离技术，突出储层串珠的成像，提升小尺度缝洞的识别能力；

二是地层结构强反射压制技术，即从含有地层界面反射信息和储层特征反射信息的复合波中消除地层界面的反射信息，突出储层的反射信息。

按照工区的实际情况进行抽象，建立了理论模型如图3－2－5所示，在4000m深度下存在缝洞储层，缝洞储层的规模不同，距离上覆界面的距离也不相同，其中有一组缝洞距离上覆介质非常近，只有 25 米的间距，这个距离小于地震子波的半波长，理论上会产生反射波的干涉现象。

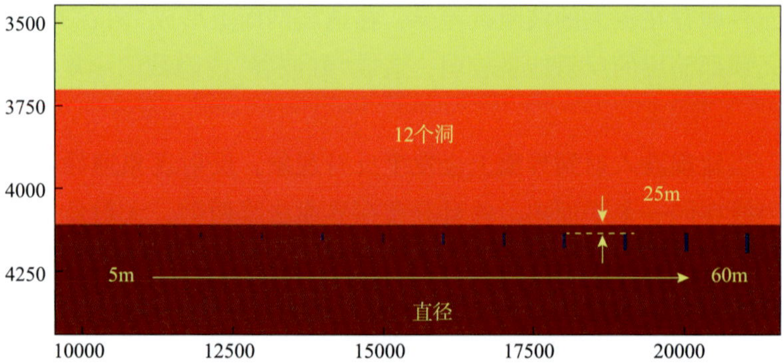

图 3 -2 -5　缝洞储层模型示意图

对上述模型进行正演模拟和偏移处理，可以看出小尺度的弱散射异常体会被上层的反射波能量压制不能识别和分辨，如图 3 -2 -6(a)所示，这和塔河油田的实际情况类似。针对这种情况，首先应用散射波分离技术。该技术依据反射波与绕射波的波场特征不同，在偏移过程中进行反射波和散射波的无损分离。对上述模型实施散射波分离技术，获得的结果局部如图 3 -2 -6(b)所示。通过对比可以看出，散射分离技术有效地去除了反射波，保护了散射波能量。因此，对于有上覆界面强反射能量掩盖的小尺度缝洞的弱反射，可用散射波分离方法，压制反射波、突出散射波，从而提高散射波的成像精度，进而增强缝洞储层的分辨能力。

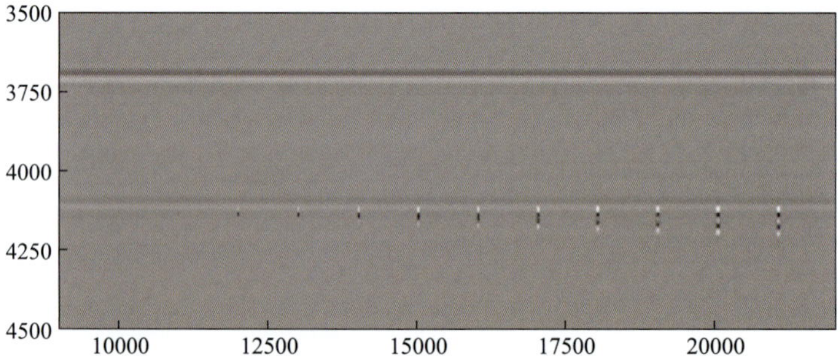

（a）Inline全波场缝洞部分放大

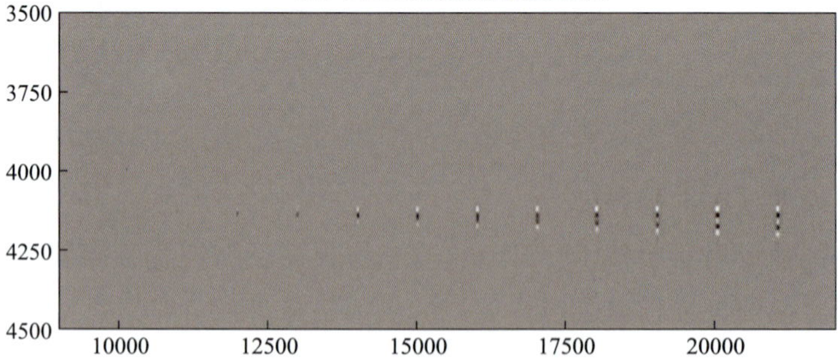

（b）Inline散射波缝洞部分放大

图 3 -2 -6　塔河缝洞储层模型分离效果对比

1)散射波分离技术

散射波分离技术是依据反射波与绕射波的波场特征不同，实现了偏移过程中进行反射波和散射波的无损分离，应用该技术得到结果如下图3－2－7所示。

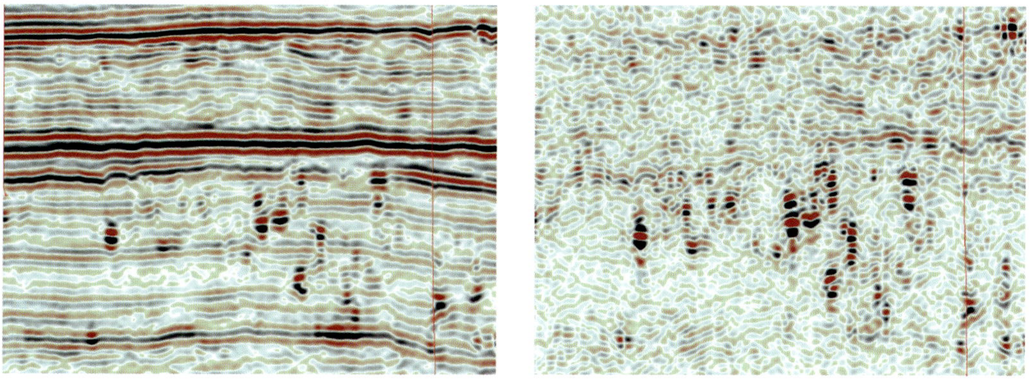

图3－2－7　全波场RTM剖面(左)和散射波成像剖面(右)局部放大

通过对比可以看出，散射波分离方法有效的压制了反射能量，保留了散射能量，凸显了小尺度缝洞、小断层等散射体，散射波分离后，由于反射波被压制，低频拖影也随之消失，下面覆盖的弱散射能量可以被分辨，可以更好地发现弱串珠并且研究串珠的联通关系。

图3－2－8是分别应用全波场RTM和散射波成像地震数据提取的强反射层下10～80m均方根振幅属性对比，这个层段是缝洞发育的层段；可以看出，散射数据体比反射数据体反映更多细节情况，缝洞体的分辨率也要优于全波场数据，部分散射体成像精度更高，更有利于解释人员识别。

对两张属性图件分别进行串珠个数统计，如表3－2－1所示，通过对比可以看出，散射波数据比全波场数据可以发现更多的隐蔽串珠，串珠识别率提高了约20%。

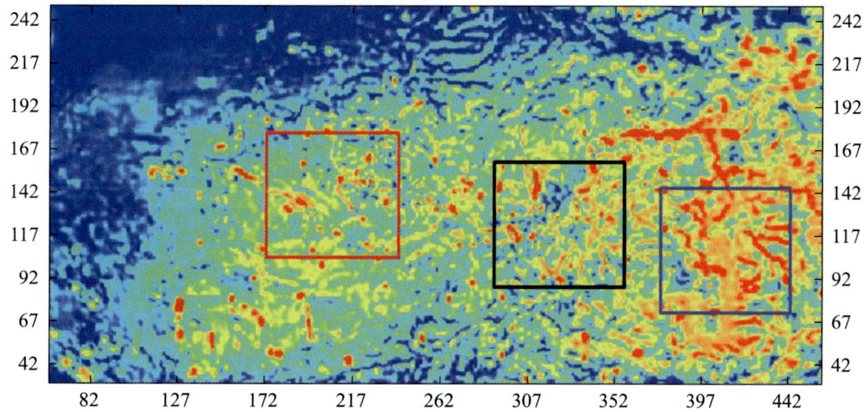

图3－2－8　T74下10－80米均方根振幅对比图

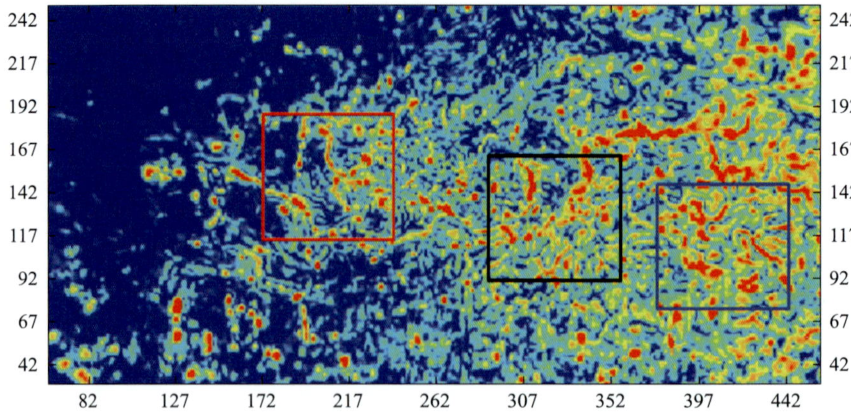

(b)散射波成像

图3-2-8　T74下10-80米均方根振幅对比图(续)

表3-2-1　串珠个数统计对比表

颜色	全波场	散射波	散/全
红色	25	30	1.20
黑色	30	34	1.13
蓝色	22	31	1.41

2)地层结构强反射压制技术

除了绕射波分离法之外，应用多子波地震道模分离组合压制强反射也是一个有效的途径。该方法基于多子波地震道模型的假设，认为地震子波的形状随传播时间和空间而变化，地震道就是多子波与反射系数褶积后的组合叠加，通过把输入的某一时窗内的地震数据体中的所有子波根据波形特征进行分类，以统计每一类子波的总能量，并根据能量大小进行排序，每一分量反映了具有相似特征的地层结构。其中第1分量代表在输入时窗范围内具有最大共性、最大能量的波形，通常对应最大一级沉积相的响应特征，第2分量是去掉第1分量后的地震数据体中具有最大共性、最大能量的波形，对应次一级沉积相的响应特征，……，依次类推。一般情况下第5分量以后的地震数据体缺乏共性，多为背景噪声。

在某一局部区域，每一类地质单元在该局部范围内应具有较好的相关性，其对地震子波的改造也具有相似性。波形分解正是根据不同地质单元对地震子波的不同响应特征，通过去除子波在岩性和地层结构上的综合响应特征(强反射界面)，从而突出在强反射界面之下次一级沉积相(储层)的地震波场特征，技术流程图如图3-2-9所示。

为了验证地层结构压制方法的有效性及适应性，依据该区实际地层结构及储层发育特征建立三个地质模型并进行正演模拟偏移处理，见图3-2-10、图3-2-11。模型(a)只有地层结构，模型(b)在地层结构内幕加入缝洞储层，模型(c)去除了临近储层上覆的地层岩性界面；从三个模型的正演模拟结果可见：模型(a)中的地层界面形成强反射，模型(b)地层界面形成强反射严重干扰了下伏储层的串珠响应，模型(c)在没有上覆地层界面形成强反射的条件下，储层的串珠响应清晰突出。

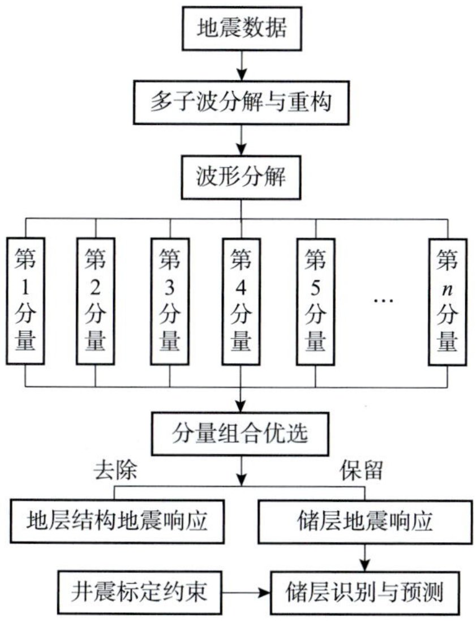

图3-2-9 地层结构强反射压制技术流程图

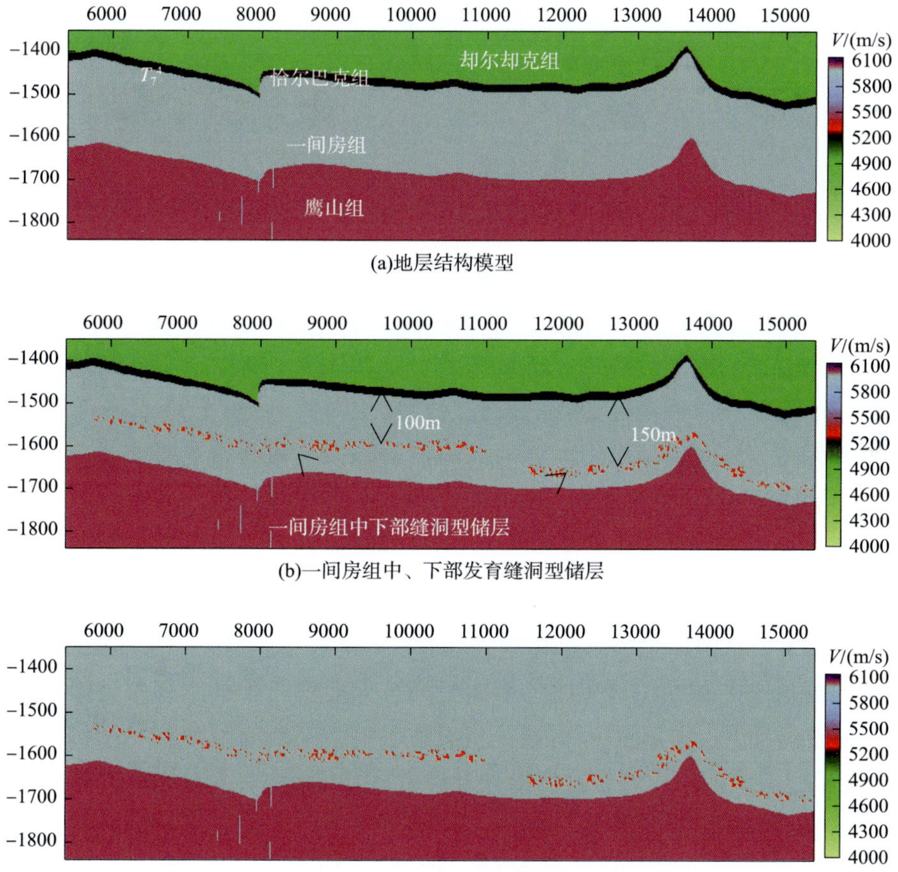

(a)地层结构模型

(b)一间房组中、下部发育缝洞型储层

(c)去除上覆地层结构模型

图3-2-10 一间房组缝洞型储层模型

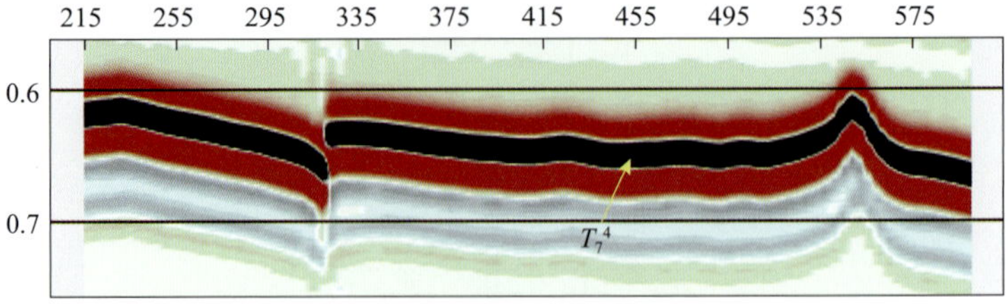

(a)地层结构模型偏移剖面

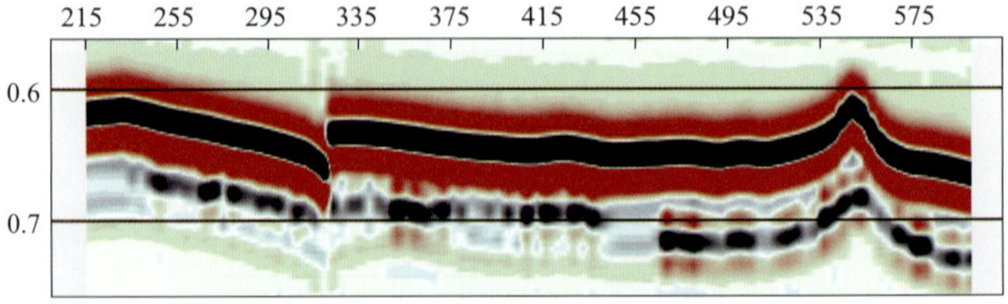

(b)一间房组中、下部发育缝洞型储层模型偏移剖面

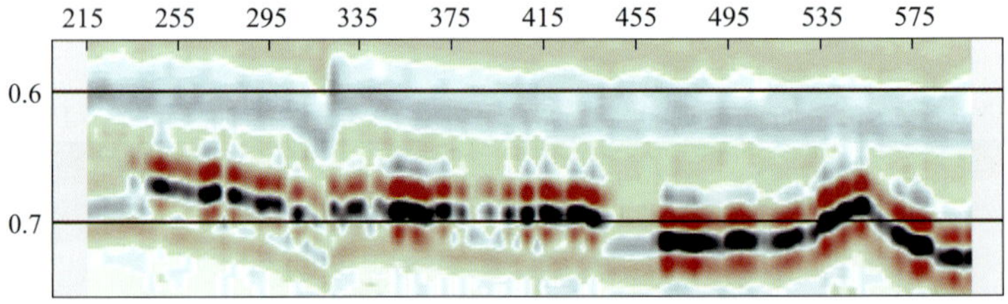

(c)去除上覆地层结构模型偏移剖面

图 3－2－11　一间房组缝洞型储层模型正演模拟结果

将模型(b)应用地层结构强反射压制技术流程进行波形分解处理，通过对比分析，第 1 分量地震剖面表现为模型(a)的特征，第 2～第 5 分量叠加地震剖面表现为模型(c)的特征，提取相同时窗范围内不同分量剖面的振幅曲线与储层模型正演结果的振幅曲线对比，第 1 分量振幅曲线与地层结构框架模型振幅曲线基本一致[见图 3－2－13(a)]，由此可见第 1 分量中并不包含一间房组中、下部储层的地震响应信息；第 2～第 5 分量振幅曲线与储层振幅曲线几乎一致[见图 3－2－13(b)]，即地层结构强反射压制后储层的信息得到了较好的保留。

利用地层结构强反射压制技术对实际地震资料进行处理。分别提取强反射层之下不同时窗的第 2 至第 5 分量叠加地震数据体属性切片(见图 3－2－14)。结果表明：与原始地震数据在相同时窗范围的属性切片相比，第 2 至第 5 分量叠加数据体有效去除了强反射层的影响，尤其是在强反射层之下 60ms 时窗的最大波谷振幅切片有效地突出了由储层引起的振幅异常[见图 3－2－14(a)]，且波谷振幅异常区域与波峰振幅异常区域[见图 3－2－14(b)]大致相同；通过将强反射层之下波谷振幅异常区域与波峰振幅异常区域进行叠合显示，从而得到“一谷一峰”振幅异常发育区域，即为一间房组中、下部储层有利发育区[见图 3－2－14(c)]。因此，相对于原始数据预测结果，第 2 至第 5 分量叠加数据体有效地去除了连续强反射界面强反射层的影响，预测结果与钻井结果吻合率高。

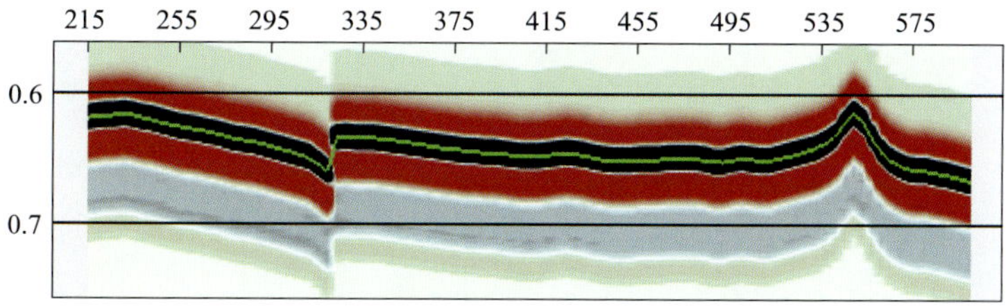

(a)分离出来的地层结构强反射特征

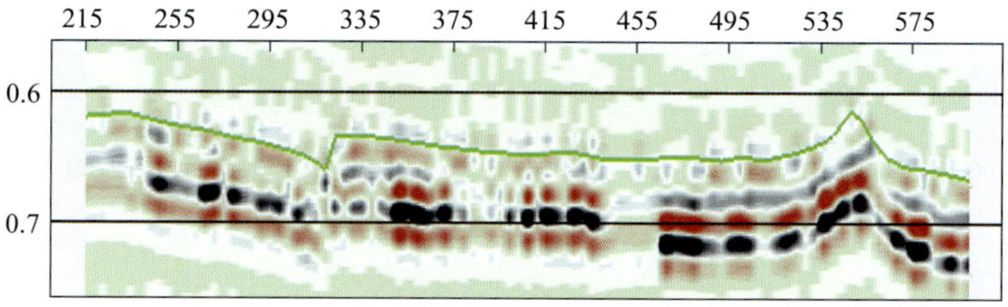

(b)分离出来的储层反射特征

图3-2-12　地层结构强反射压制技术效果图

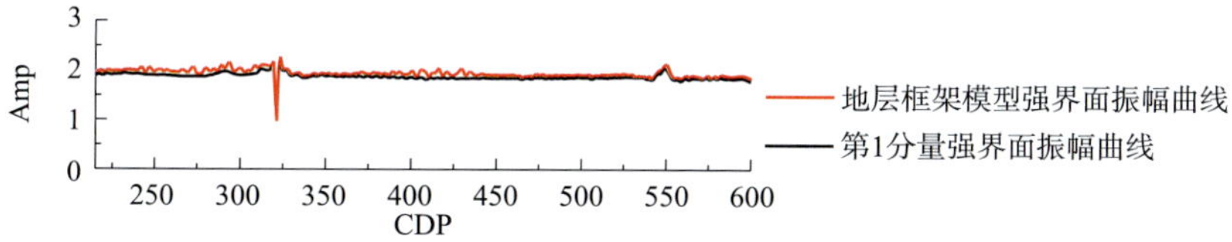

(a)第1分离与地层结构正演模拟结果振幅曲线对比

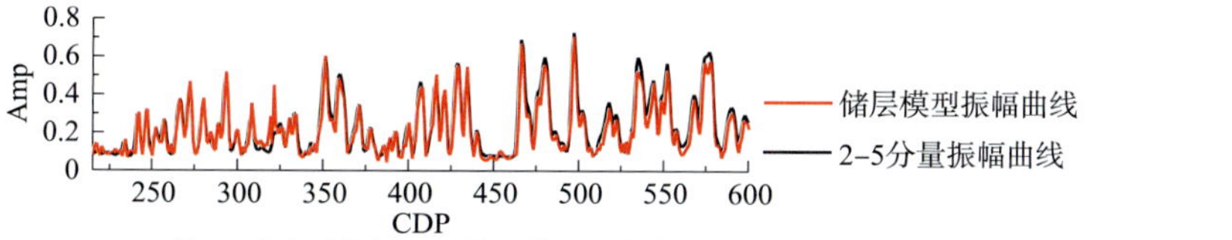

(b)第2-5分离叠加剖面与储层模型正演模拟结果振幅曲线对比

图3-2-13　相同时窗下不同分量振幅曲线(其他颜色)与储层模型振幅曲线(黑色)对比图

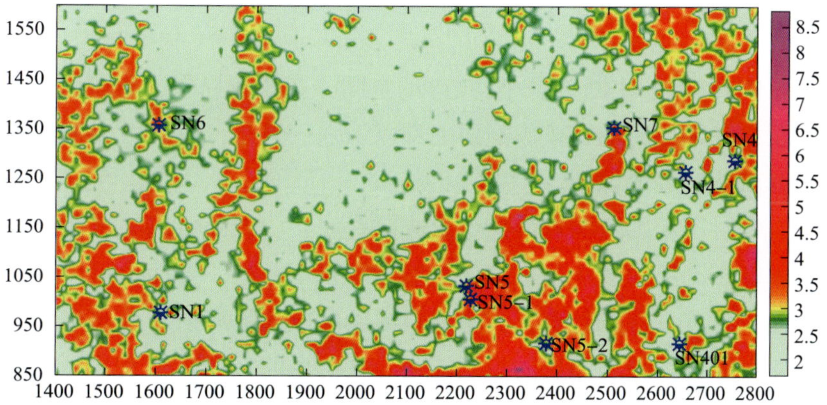

(a) 风化面之下60ms时窗的最大波谷振幅

图3-2-14　强反射层之下不同时窗的第2～第5分量叠加地震数据体属性切片

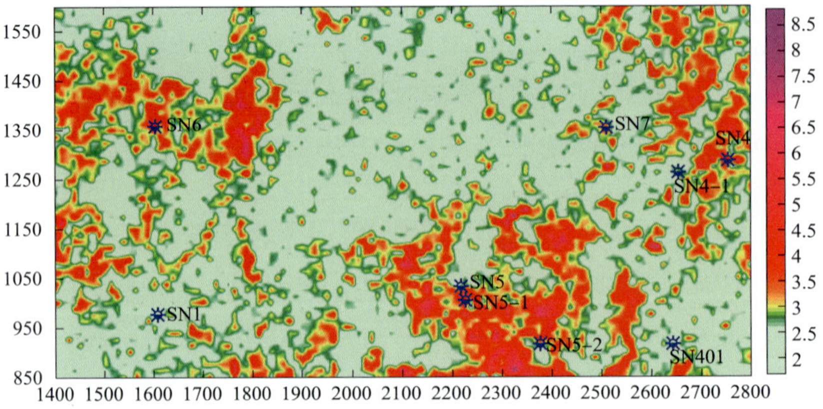

(b)风化面之下50~110ms时窗的最大波峰振幅

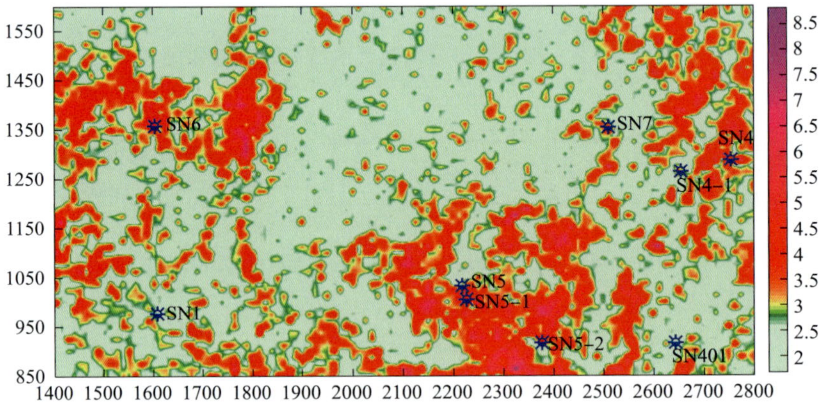

(c)一间房组中、下部储层有利发育区

图 3-2-14　强反射层之下不同时窗的第 2～第 5 分量叠加地震数据体属性切片(续)

4. 启示

小尺度地质体(缝洞、小断裂、小构造)的空间分布比较局限，地震信号能量较弱，往往被强反射湮没，在常规的地震成像剖面上难以识别。但是，我们可以选用适当的处理方法去除强反射，就能有效地识别。

本案例中，针对不规则缝洞岩溶储层形成散射波，一方面可以从成像环节入手，使用散射波分离技术能压制反射波能量，突出散射波的特征；另一方面也可以在叠后采用地层结构强反射压制技术进行特殊处理，剥离地层界面形成的强反射，分离出缝洞储层形成的串珠响应分量，可以提高缝洞储层的识别能力。在信息的“剥离”过程中可以采用模型正演结果对分离出来的地层结构信息和储层信息进行有效的质控，评价该技术对研究目标应用的有效性和适应性。

通常含油气盆地中广泛存在一些特殊的岩性体，如煤层、火成岩、膏岩层等，这些特殊的岩性体与围岩之间速度差异大，形成的强反射对其下伏的储层有不同程度的影响，也可以尝试地层结构强反射压制技术改善隐蔽性储层的识别能力。

案例 3：地震属性储层识别的时窗陷阱

1. 问题与现象

地震数据含有丰富的储层信息，利用波形特征的变化如波峰、波谷振幅进行储层识别是常用的方法之一。以川西气田雷口坡组雷四上亚段储层识别为例，雷口坡组自下而上划分为雷一—雷四共四个岩性段。雷四上亚段发育上、下两套储层，上储层段以灰岩类为主，夹白云岩；下储层段以白云岩类为主，上、下储层段之间存在一个以(含)白云质灰岩、(含)藻砂屑灰岩等组成的相对稳定的隔层段，厚约 20 ~ 25m。上储层段以 1 ~ 2m 薄储层为主，累计厚度 15 ~ 20m，下储层段储层单层厚度一般 1 ~ 5m，累计厚度 30 ~ 45m，如图 3 - 3 - 1 所示。从井震标定的关系来看，雷四上亚段上下储层段主要对应为地震剖面中 T6 界面与 T2 l^4_3 界面之间的波谷反射段，且储层越发育波谷的振幅能量越强，因此可以利用波谷强弱变化来指示上下两套储层信息。然而在提取 T6 界面下不同时窗内最大波谷信息时，不同的时窗地震属性异常分布差异很大(如图 3 - 3 - 2 所示)，如果时窗选择不当，势必导致地震属性失真。如何根据波形特征的变化对多套储层进行识别，时窗选择是一个非常关键的参数，时窗对储层识别的陷阱是一个不可回避的问题。

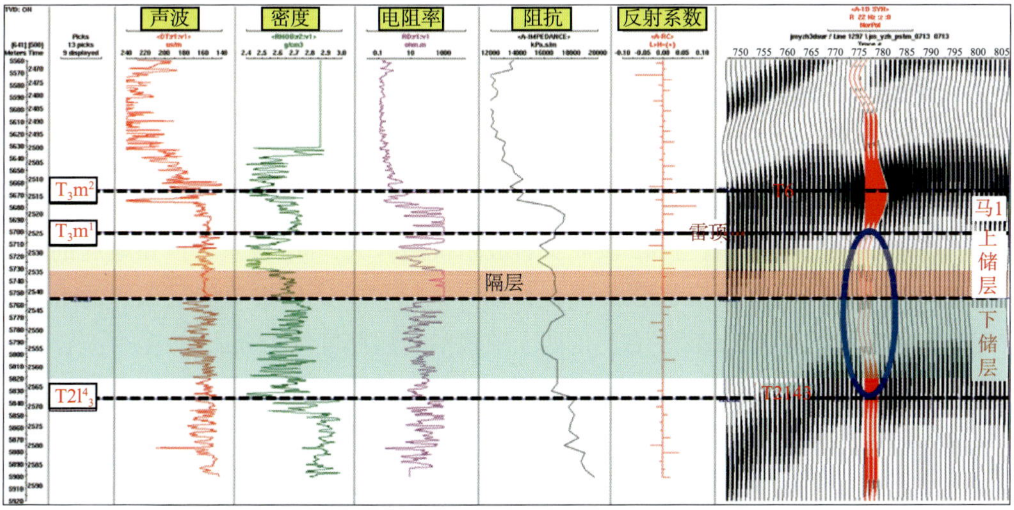

图 3 - 3 - 1 A 井雷四上亚段合成记录井震标定图

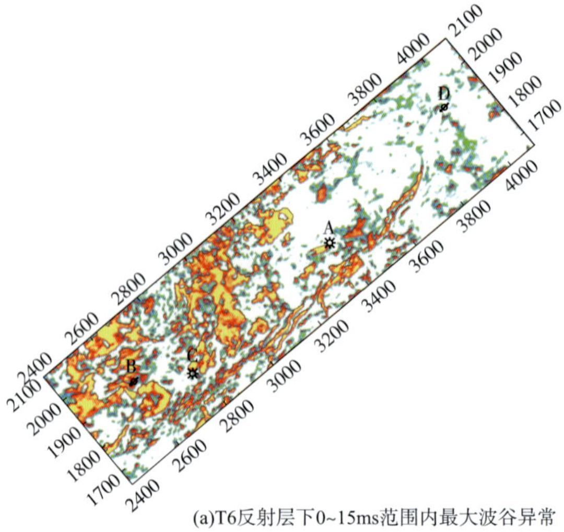

(a)T6反射层下0~15ms范围内最大波谷异常

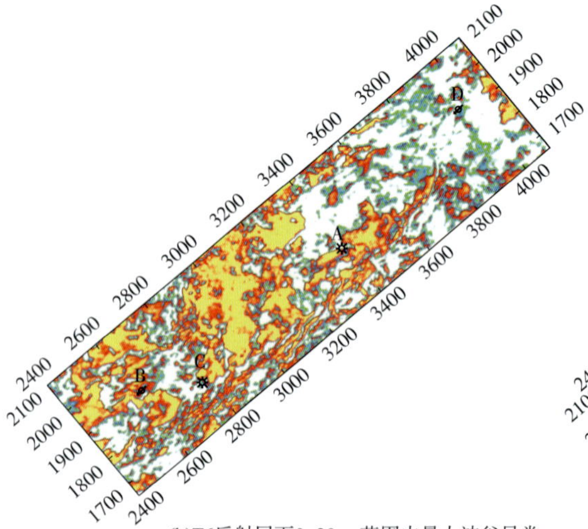

(b)T6反射层下0~20ms范围内最大波谷异常

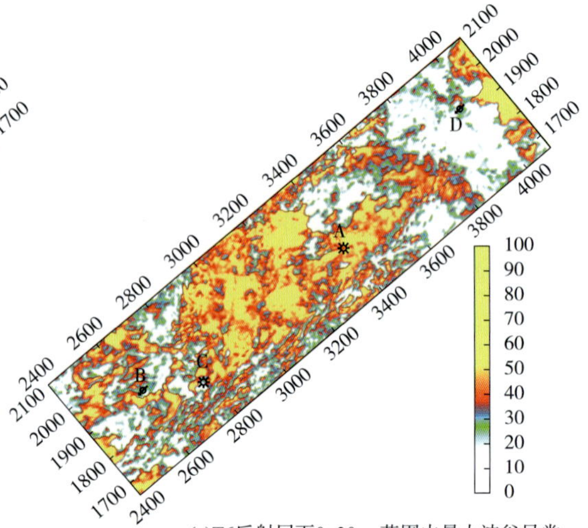

(c)T6反射层下0~30ms范围内最大波谷异常

图 3－3－2　T6 界面下不同时窗范围内最大波谷振幅异常图

2. 原因分析

一方面，雷四上亚段上覆地层为厚度约 40m 的灰岩，之上为厚约 100m 的泥页岩沉积。由于该组及 M1 碳酸盐岩与 M2 段泥页岩波阻抗差异大，M1 段灰岩顶在地震剖面上形成强反射(T6)，该强反射具有极强的屏蔽作用，加剧了下伏该组薄储层识别的难度；另一方面，实际资料主频为 25Hz 左右，雷四上亚段的地层厚度约 150m，约半个波长，雷四上亚段上、下储层段主要对应于强反射界面下“一谷一峰”半个波长内，即半个波长内既包含了地层结构信息又包含了两套薄储层的信息，且两套储层的地震特征又相互影响。如何从复合的地震响应中区分并识别上、下储层段薄储层的信息十分困难，提取振幅属性的时窗参数难以选择，时窗的中心位置和时窗的宽度不同，地震属性的结果就不同。因此，如何选取合适的时窗是关键。

3. 解决方案

1）思路与对策

针对这一问题，从雷口坡组薄储层的地质特征及地震反射机理分析入手，采用先“分”后“合”的研究思路（见图3－3－3），通过建立符合实际地层结构、储层叠加样式及岩石物

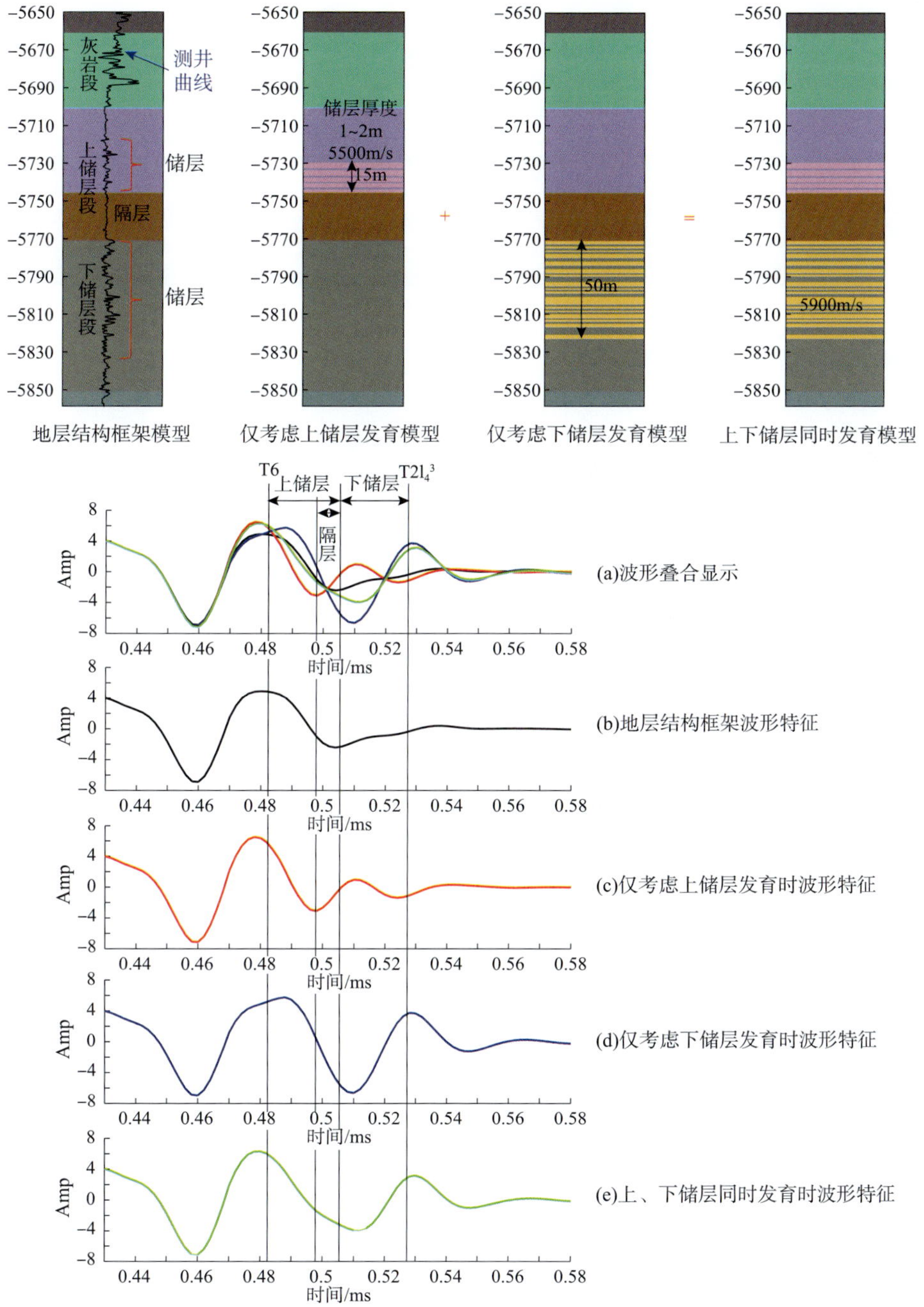

图3－3－3 先“分”后“合”模型构建（上）及正演结果波形差异化分析图（下）

理特征的不同类型薄储层模型(见图 3-3-4)，基于波动方程正演模拟技术，剖析不同上下储层发育情况下的波形特征变化，逐步从复合的地震响应中“剥离”出了上、下两套薄储层的地震响应特征及变化规律，明确上、下两套储层的识别的时窗，突破“时窗陷阱”，实现反射特征相互干涉情况下储层识别。

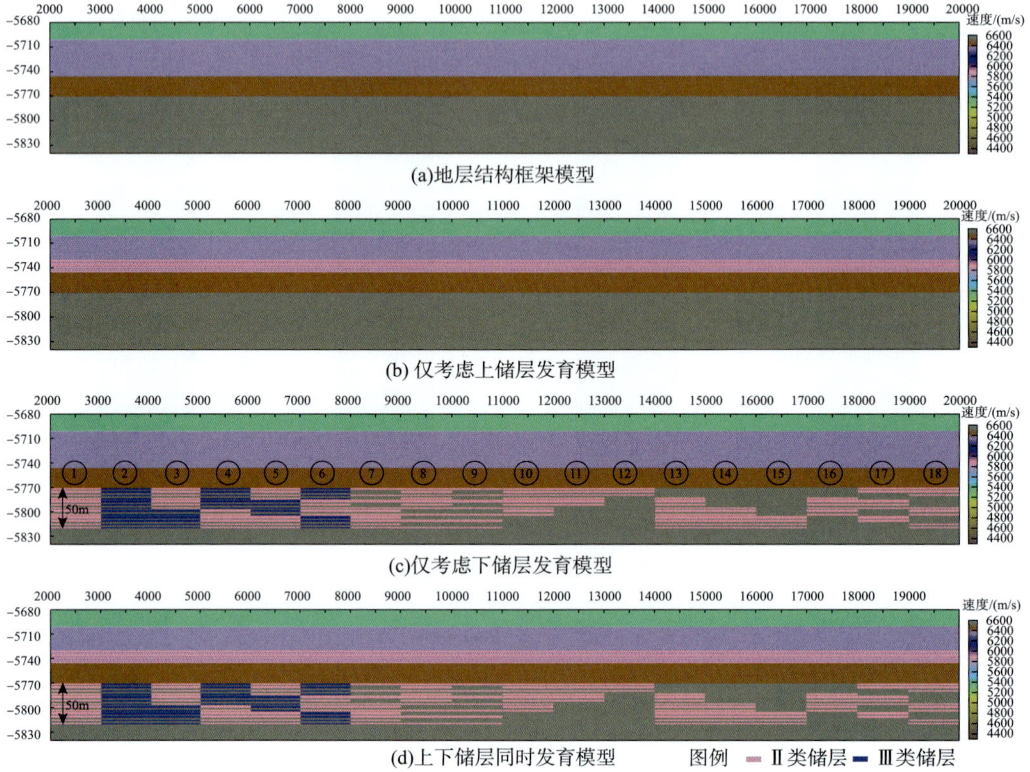

图 3-3-4　上下储层段发育不同薄储层情况模型图

2)时窗优选

考虑上、下储层段发育不同薄储层情况模型正演模拟结果如图 3-3-5 所示，上下储层同时发育时模型正演模拟结果与仅考虑下储层发育时地震响应特征十分相似，主要表现为 T6 界面下明显的波谷—强波峰特征(图中绿色线所示，层位 $T2l_4^3$)，通过波形的叠合显示和波形特征差异化分析，二者在能量上存在一定差异，如图 3-3-6 所示，黑色线为地层结构反射波形特征曲线，蓝色线为仅考虑上储层段储层发育时波形特征曲线，红色线为仅考虑下储层段储层发育时波形特征曲线，粉色线为考虑上下储层段同时发育储层时波形特征曲线，将上下储层同时发育与仅下储层发育时正演结果进行相减，可以看出在 T6 界面下 0~15ms 范围内存在一个明显的波谷异常[图 3-3-6(c)]，这就是隐含在综合地震响应中上储层段储层的信息，时窗过小不足以反映上储层引起的波谷特征变化，时窗过大就会包含下储层段储层的信息，因此，实际资料中上下储层段的识别分别借助于 T6 界面下 0~15ms 时窗范围内波谷能量异常和 T6 界面下 15~60ms 范围内能量异常进行定性识别。

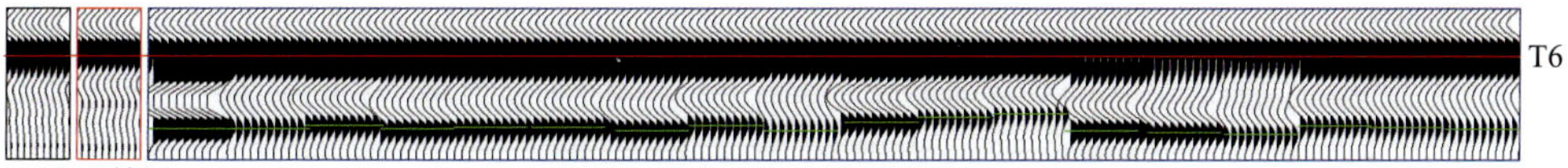

地层结构　上储层　仅考虑下储层发育模型正演模拟结果

(a) 地层结构、仅考虑上储层及仅考虑下储层正演模拟图

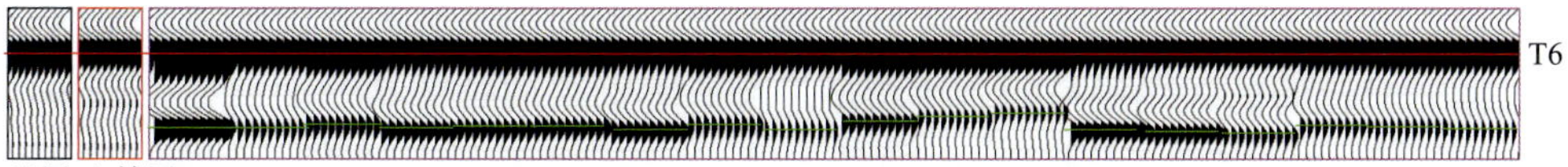

地层结构　上储层　考虑上、下储层同时发育模型正演模拟结果

(b)地层结构、仅考虑上储层及上下储层同时考虑正演模拟图

图3-3-5　上、下储层段发育不同薄储层情况模型正演模拟图

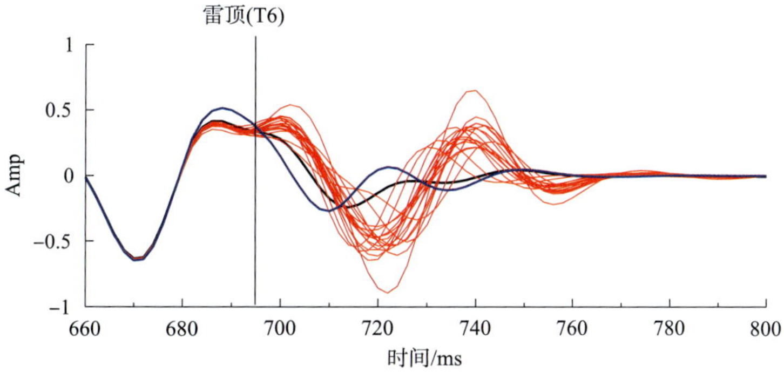

(a)地层结构、仅考虑上储层和仅考虑下储层波形特征

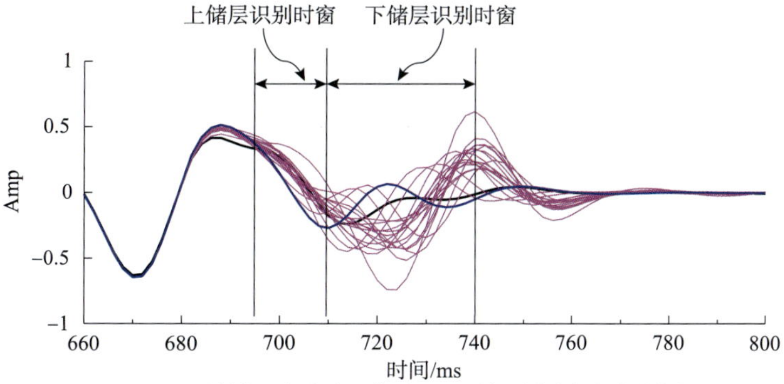

(b)地层结构、仅考虑上储层和上下储层同时考虑波形特征

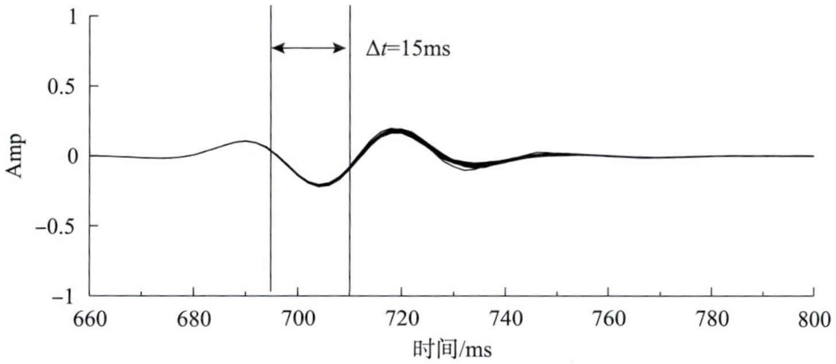

(c)上下储层同时发育与仅下储层发育时正演结果相减差值

图3-3-6　上、下储层段发育不同薄储层情况模型正演模拟结果波形对比图

3)实际应用

提取 T6 界面下 0－15ms 时窗范围内最大波谷振幅异常的属性切面[见图 3－3－2(a)]，从平面上来看，上储层主要分布在 B 和 C 井附近，井上该时窗内波谷振幅的大小依次为 B、C、A 和 D 井，从四口钻井储层特征来看，各井钻遇储层的累计厚度相当，但薄储层的结构差异较大，B 井薄储层发育最为集中，平面上对应波谷振幅也最强，D 井薄储层最分散，对应的波谷振幅最弱，预测结果与实际资料的特征相互印证，更进一步表明了利用 T6 界面下 0～15ms 时窗范围内的最大波谷振幅预测上储层段有效性。图 3－3－7 为该区基于波形指示反演预测的上储层的结果，可以看出反演识别的上储层与 T6 界面下 0～15ms时窗范围内最大波谷振幅异常的区域基本一致，也进一步表明识别上储层时窗的合理性。

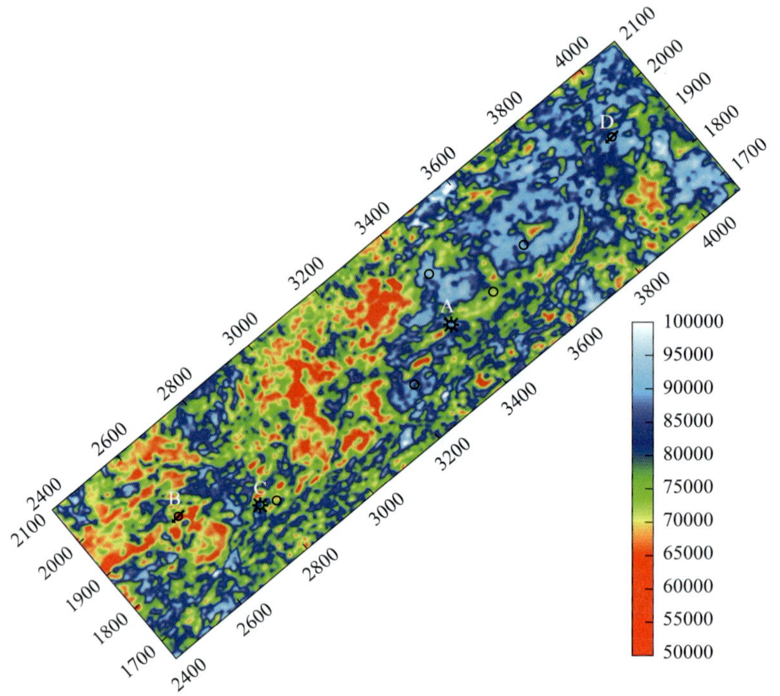

图 3－3－7 上储层预测平面图

4. 启示

本案例表明，多套储层特征分析与识别会遇到时窗选取陷阱，时窗过大或过小均会影响储层空间真实展布特征。通过构建符合地下实际的地层结构框架模型、对比地层结构框架模型、基于波形差异化分析，从复合的地震响应中“剥离”出了两套储层所引起的地震响应特征及变化规律，避开了由于时窗选取造成的储层识别的陷阱。通过该方法的实施，可以掌握强反射界面下两套薄储层的地震响应特征及其对应的识别时窗，使地震解释人员在利用地震数据进行上下两套薄储层预测时可以做到有的放矢，提高上下两套薄储层识别的针对性，突破反射特征相互干涉情况下储层识别时窗陷阱，是一种行之有效的、可复制、可推广的技术方法与研究思路，可在具有类似地质结构的地区进行推广应用。

在任何工区、提取任何时窗属性时，都会存在时窗的陷阱。换而言之，提取时窗时都会因时窗中心位置和宽度的不同而得到不同的地震属性图，因此，在提取时窗地震属性时，一定要结合正演模拟试验选好时窗的中心位置和宽度，确保时窗属性的一致性和合理性。

案例4：薄砂层预测的振幅属性陷阱

1. 问题与现象

位于鄂尔多斯盆地北部的某气田，主力产气层为上古生界二叠系H3段河道砂体；优质砂体为河流亚相中的边滩、心滩砂体，这些砂体由于好的物源和强的水动力条件，具有良好的孔渗性，孔隙度在5%～15%之间，利于油气的储集；但是由于河道频繁迁移叠加改造，河道砂的主体发育部位难以确定，单砂层薄，一般小于5m，同时地震资料分辨率低，主频在23Hz左右，砂层识别比较困难，见图3－4－1。

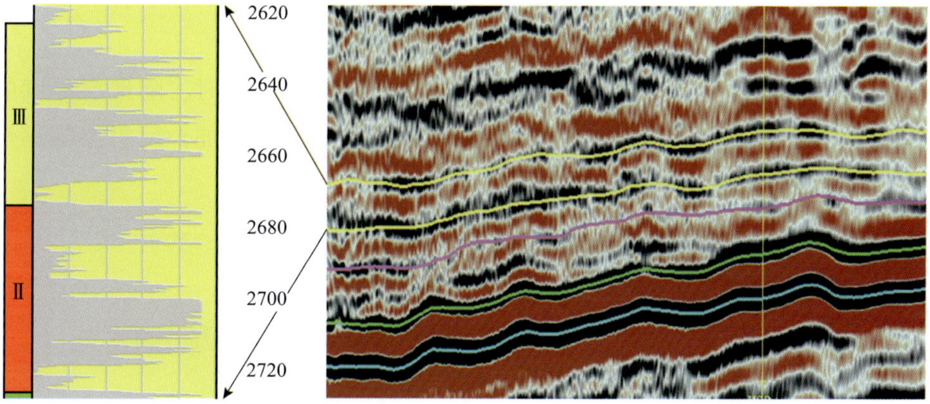

图3－4－1 地震资料信噪比、分辨率较低（1个地震周期对应近100米的地层）

H3段有利河道砂体富集区的确定是地震预测面临的核心问题。通过为数较少的探井与地震资料的综合分析以及正演模拟分析认为：当H3段河道砂体发育时，其对应的地震反射波谷呈现强振幅特征，利用强振幅特征预测河道砂体富集区的分布成为重要的手段之一。图3－4－2展示了利用高分辨率处理资料得到的H3反射段强振幅的分布区域，指示了河道砂体富集区的分布，指导了后续探井和滚动开发井的部署。

但是，在后续的推广应用中出现了问题，一些打在强振幅条带上的钻井并没有钻遇优质河道砂岩储层，也没有获得预计的天然气效果。

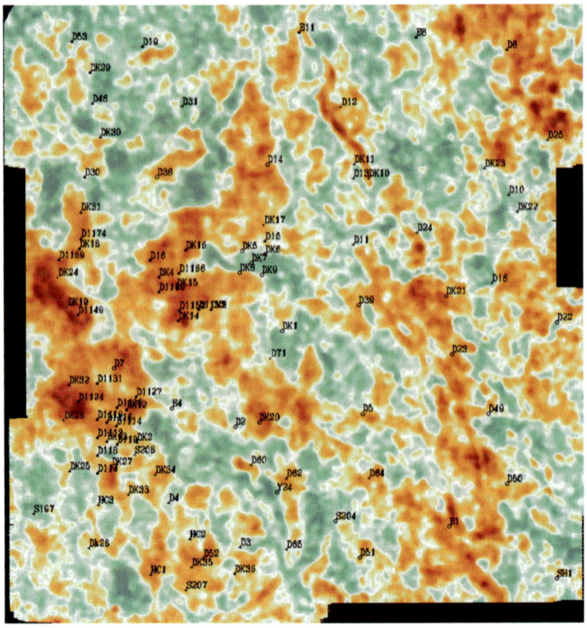

图 3-4-2　振幅属性预测的河道砂体分布图

2. 原因分析

经过反思与研究认为：由于地震分辨率不足导致了地震振幅属性在薄层识别时具有多解性，出现了地震强振幅属性不准确的陷阱。

楔状模型正演表明：当砂体厚度在 1/4 波长调谐厚度范围内时，随地层厚度的增加，反射振幅逐渐增大，达到 1/4 波长时振幅最大；地层厚度继续增加，反射振幅逐渐减小，至出现新的波组可以直接分辨砂层的顶底(见图 3-4-3)。

图 3-4-3　楔形单层砂体模型及正演剖面图

地震资料本身所达到的分辨率(真分辨率)是由有效频宽所决定的，主频 23Hz 的地震资料能直接识别的单层砂体厚度至少大于 30m，对于 5m 的单砂体是无法直接识别的。图

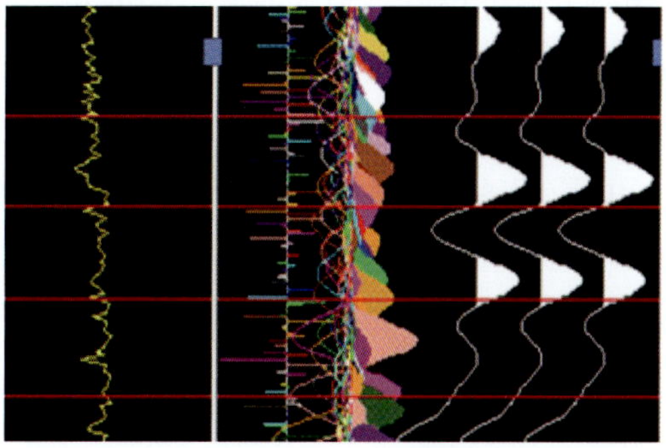
图 3－4－4　地层反射系数与合成记录(子波主频 25Hz)

3－4－4 是根据实际的声波和密度测井曲线制作的反射系数及合成地震记录图，子波主频为 25Hz；图中可见：声波曲线反映出薄砂泥互层的地层结构，反射系数指示出薄层之间的地震反射能力，如果每个反射系数界面都能形成反射波，在子波主频为 25Hz 时，每个界面的反射波是相互干涉，最终的合成记录的波形特征实际上是几个薄互层产生反射的综合响应结果，反射系数越大的界面对波形的贡献越大。目前有很多技术能从综合反射波形中识别并剥离出单一反射界面引起的波形形态，但均具有较强的多解性。这也正是勘探生产中遇到此类解释陷阱的根本原因。

3. 解决方案

改善地震分辨率问题最理想的办法是优化地震采集方法和高分辨率处理，在本章案例 1 中我们正是应用高分辨率处理技术改善了地震资料识别薄层的能力，但是本案例的研究区是沙漠表层，对地震波能量和高频成分具有较强的吸收衰减作用，同时复杂的低降速层引起的干扰波复杂，导致常规采集的地震资料的信噪比和分辨率偏低、频带窄；在这种地震地质条件控制下，开展了持续的高分辨率处理攻关，但最终地震资料的频带拓宽和主频提高得很有限，主频仍在 25Hz 左右，薄河道砂体预测困难，多解性强。

在这种地震资料没有提频潜力的情况下，提出了一种利用现有地震资料避开储层预测分辨率陷阱的方法，即“相控储层预测”的解释方案。该方案核心的思想是：先寻找有利的沉积相带(比如找到高能水道)，把握宏观地质规律，在有利的相带内再进一步寻找砂体富集区，避开了地震资料分辨率不足的陷阱。该方案的有效性在后期的勘探中得到充分的证实。

利用地震资料刻画沉积相带的可靠性往往是比较高的，一个沉积体系中的地质体单元(比如河道)的尺度无论在纵向上还是在横向上要远远大于一个单砂体的尺度，它所引起的地震反射特征的异常往往是确定的和清晰的，在现有分辨率条件下的地震资料不仅能可靠地识别和确定一个沉积体系的存在，也能可靠地描述其横向的展布；在其控制下，再预测有效储层的富集部位，得到的解释结果是符合地质沉积规律的，这是相控储层预测的意义所在。

相控储层预测最核心的问题是通过地震相、测井相研究最终落实高能水道微相。从地震剖面上发现了高能水道发育的地震相特征——(H3 底部同相轴下拉)，见图 3－4－5，通过钻井分析看，波组下拉区域的钻井 H3 段砂体物性好，自然伽马(natural Gamma Ray，GR)曲线箱型低值，声波时差(acoustic，AC)曲线低值，是典型的高能水道微相。因此，利用时差属性可以刻画高能水道的展布，见 3－4－6。图中可见，研究区发育近南北向的一条高能水道，蓝色表明河道下切幅度大、水动力强的区域，黄色为河间洼地区域，在蓝色区域内的砂体物性好。

再应用地震属性综合分析技术，融合图 3－4－2 和图 3－4－6，得到在高能水道微相约束下的有利砂体分布图(见图 3－4－7)，该图与单振幅属性图 3－4－2 比较，落实并突出了有利砂体的分布。在沉积相特征的指导下，进一步进行钻井部署，预测结果得到充分证实，在后续的勘探开发中，取得 92% 的钻井配产成功率，在开发井位部署中发挥重要的作用。

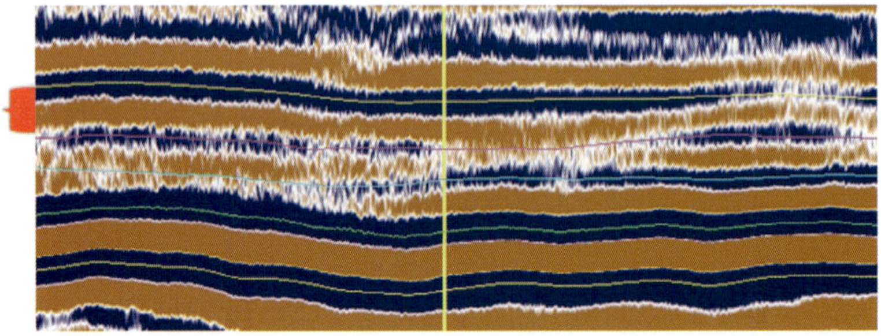

图 3－4－5　高能水道的地震相特征

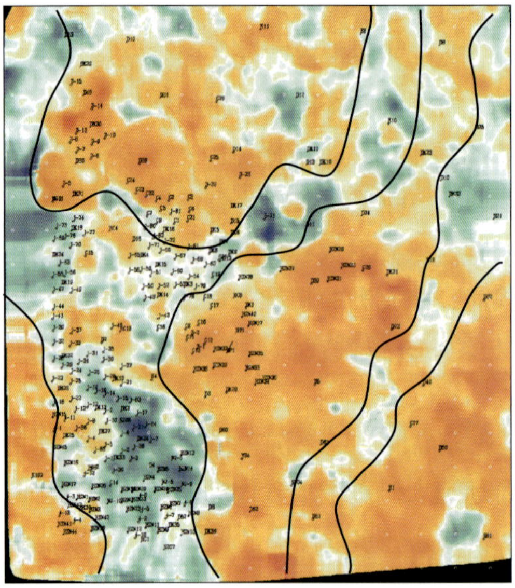

图 3－4－6　高能水道分布

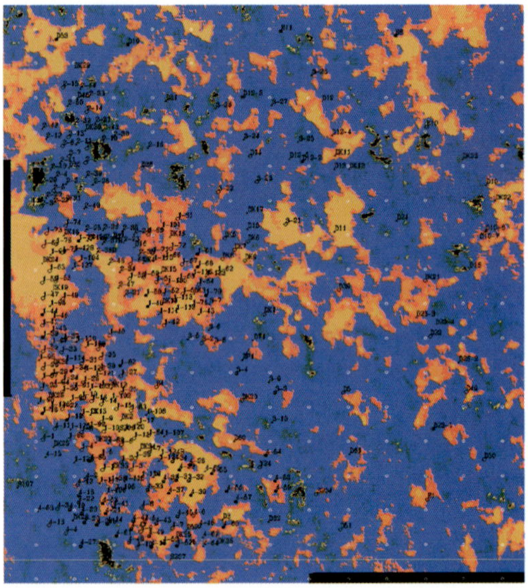

图 3－4－7　相控储层预测成果图

4. 启示

由于地震分辨率的不足使得地震反射振幅属性不能真实地反映地质现象是地震解释中经常遇到的陷阱，如果条件允许应当尽可能地去提高地震资料的分辨率，在地震资料分辨率很难进一步提高的情况下，先寻找有利的沉积相带(比如找到高能水道)，把握宏观地质规律，再在有利的相带内利用振幅属性进一步寻找砂体富集区，这种相控思路能够在地震分辨率不高时有效预测有利砂体的分布，排除了非河道砂体引起的强振幅属性陷阱，大大提高了低分辨率资料预测薄砂体的精度，收到很好的油气预测效果。因此，相控约束地震属性的思路可以在碎屑岩薄互层勘探中广泛推广应用。

当然，以高密度为代表的地震采集技术已经在我国东部探区收到很好的效果，针对薄砂体地质目标，能实施高密度地震采集，从根本上提高地震资料的信噪比和纵横向分辨率，对薄砂体预测描述会更加有利。

案例5：缝洞体识别的假串珠陷阱

1. 问题与现象

塔里木盆地某区奥陶系碳酸盐岩储层主要分布在良里塔格组和鹰山组，该区与石油主力产区相比，岩溶作用相对较弱，储层以孔缝型为主，局部区域发育孔洞型储层，储层发育程度存在明显的分带性，古地貌、沉积相带、不整合、断裂共同控制着储层的发育。

前期的勘探实践表明：该区高产井岩溶缝洞储层的地震响应特征以串珠为主，这也是油气主力产区缝洞油藏的地震响应模式(见图3－5－1)。

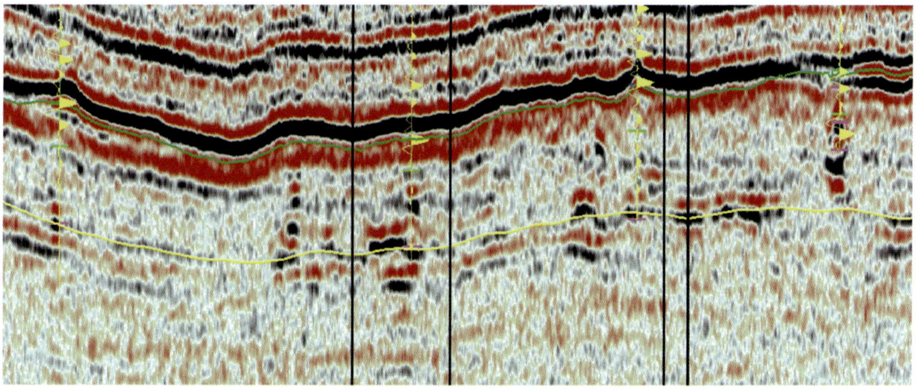

图3－5－1　岩溶缝洞储层引起的串珠地震响应特征

按照串珠响应模式部署的钻井基本都取得了成功，但是有的钻井出现了问题：部署在串珠地震模式上的井没有钻遇到缝洞储层，而是钻遇了火成岩侵入体(见图3－5－2)，导致钻探失利。

2. 原因分析

缝洞储层与火山岩形成了相似的串珠响应特征，分析钻测井资料可以看到：鹰山组碳

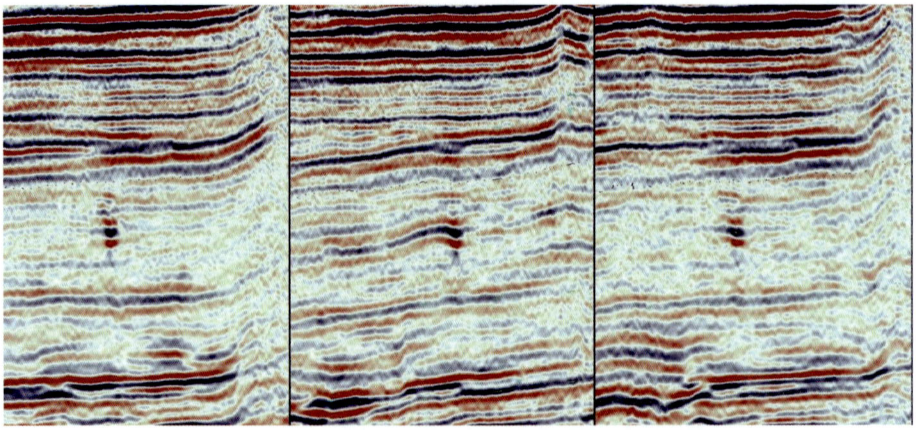

图 3 -5 -2 火山岩引起的串珠地震响应特征

酸盐岩的平均纵波速度为 6100m/s 左右，波阻抗在 17000(g/cm^3)·(m/s)左右；在鹰山组钻遇的火成岩侵入体纵波速度为 5500m/s 左右，略低于围岩碳酸盐岩速度；鹰山组缝洞储层的纵波速度在 5400 ~ 5900m/s 之间，同样略低于围岩碳酸盐岩速度；从地震波阻抗的角度，缝洞储层与火山岩具有相似的特征。

图 3 -5 -3 是孔洞型储层与火山岩体的正演模拟的结果。本模拟是一个单层模型，围岩速度 6100m/s，充填异常体速度分别是 3000m/s、4000m/s、5000m/s、6000m/s、7000m/s、8000m/s。从正演剖面来看，不管是缝洞体还是火山岩体，只要与围岩存在明显的波阻抗差异，尺度以及空间形态上相似，在地震剖面上就能形成串珠地震反射特征。

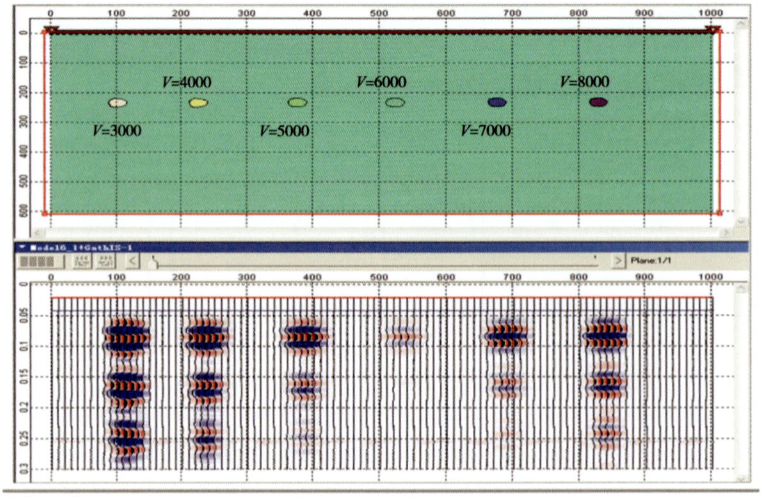

图 3 -5 -3 地质异常体储层物理模型正演

另一个模型(见图 3 -5 -4)是多层模型与单层模型的正演模拟结果，两个模型总厚度相同，一个是多层互层，一个是仅仅 1 个夹层；在常规地震分辨率的情况下，即正演模拟子波频率为 30Hz，得到的炮记录特征是相似的。

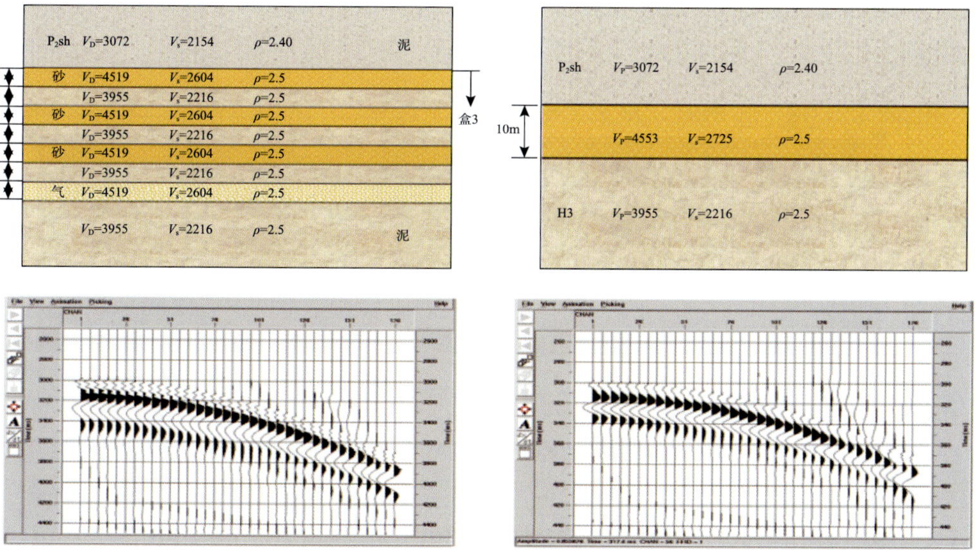

图 3－5－4　多层与单层模型正演

两个模型与实际勘探结果都证实，在常规分辨率条件下，地震属性具有多解性，特别是在勘探早期，钻井较少，地质认识不足的情况下，地震反射异常的不同成因会导致勘探陷入多解性的陷阱。

3. 解决方案

研究区火成岩比较发育，大多数火成岩侵入体均具有明显的强振幅、杂乱、穿层穿时等特征，火成岩侵入体形成的串珠反射隐蔽性很强，如何区分串珠是缝洞储层还是火山岩的响应特征，是该区缝洞储层预测的关键。

针对火成岩假串珠陷阱，建议通过开展三项研究来避免解释陷阱：

一是充分了解区域地质概况，确定研究区是否有火山活动等大的事件，研究断裂的特征，充分认识到奥陶系发育火成岩侵入体的可能性。

区域地质研究表明：该区大部分断裂主要切割奥陶系及以下地层，加里东中期～早海西期为主要的断裂发育活动期；二叠纪进入以陆相为主的沉积环境，晚海西期，本区发生了大规模的火山喷发及岩浆侵入，侵入通道受控于断裂，主要为沿深大断裂侵入的裂隙式火成岩。

二是充分论证储层与火山岩等的物性特征和形态特征，开展正演模拟分析预判地震响应特征形成的可能性。

火成岩侵入体的地质模型是正演模拟的关键，火成岩侵入体通常是因其“穿层穿时强振幅”特征而容易识别的，之所以形成串珠地震响应的关键原因是侵入体的尺度和形态上与岩溶缝洞体近似，改变火成岩侵入体的形态和尺度，可以模拟出更多的火成岩响应特征，在储层预测时给以充分的关注。图 3－5－5、图 3－5－6 是几种不同形态、尺度的火成岩侵入体的正演模拟，可以看到只有形状和尺度类似岩溶缝洞体的火成岩侵入体才能形成串珠反射。

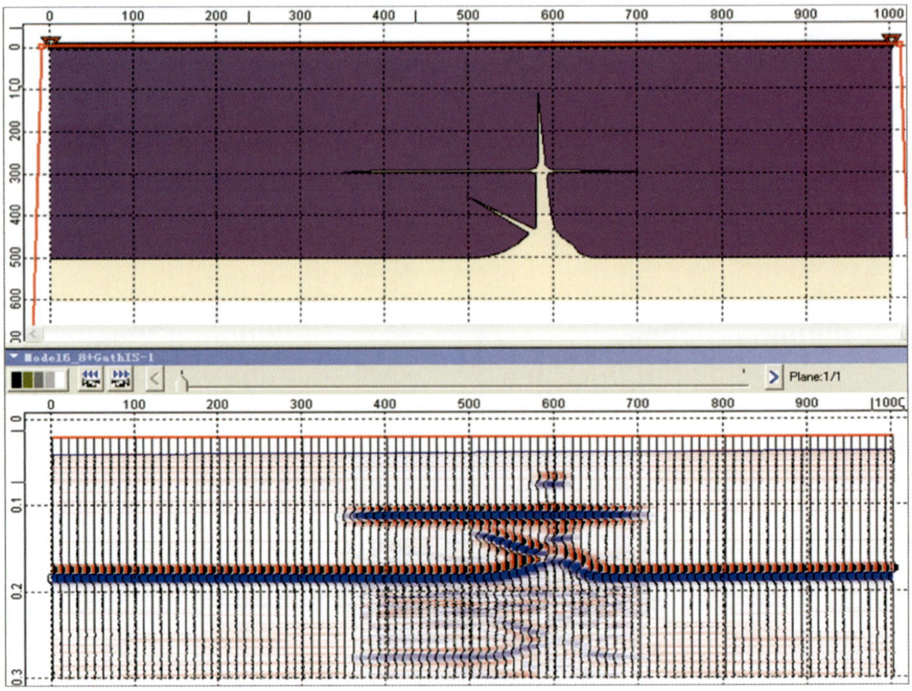

图 3－5－5　不同形态火成岩模型正演

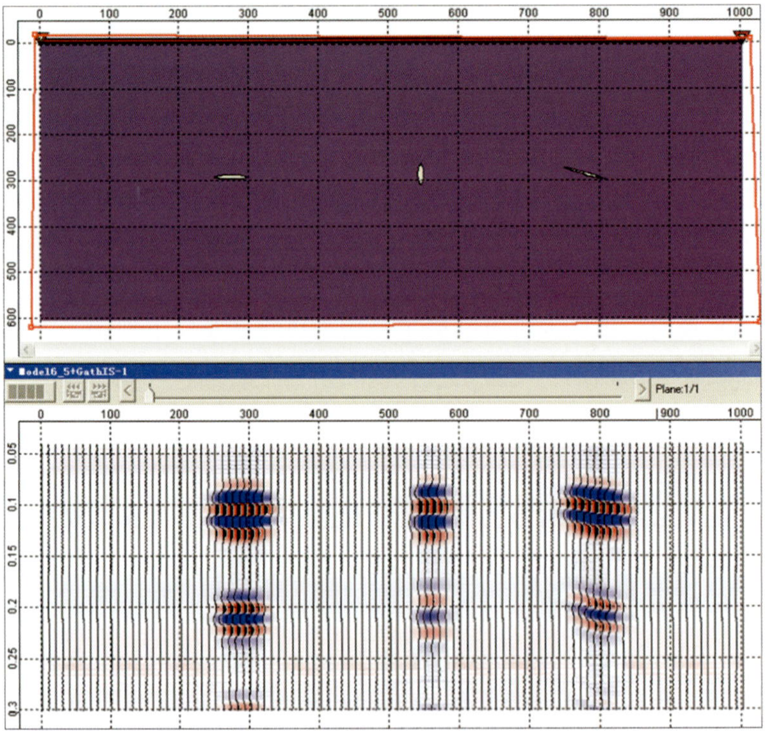

图 3－5－6　不同形态火成岩模型正演

三是对地震响应特征的平面展布规律加以分析，而不仅仅限于地震剖面特征，解释异常现象要从“点、线、面”不同的视角加以分析，不同成因的地质体在空间的分布上有不同的地质规律，分析其是否符合缝洞储层分布的地质规律，以排除非储层等其他因素的干扰。

在地震剖面上，观察其上下相对稳定的地震波组，发现是否存在断裂，特别是小断裂。图3－5－7是过火成岩串珠的一条剖面，从串珠之下可以发现断裂存在的迹象，从“线上”判断串珠是火成岩侵入体成因的依据。

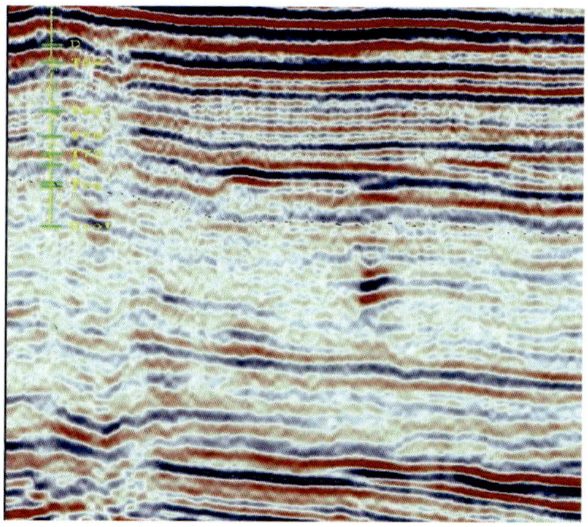

图3－5－7　火成岩引起的串珠地震响应特征

图3－5－8给出了缝洞储层和火成岩形成的串珠的平面分布特征，缝洞储层的形成具有相对的离散性，与古地貌有关，与差异性的溶蚀作用有关，而火成岩的平面分布与火山口、大断裂等相关，一般平面上呈不规则圆形或线型，从地质规律上很容易区分哪些串珠是缝洞储层形成的，哪些是火成岩通道或侵入体形成的，从“面”上识别火成岩侵入体，克服多解性。

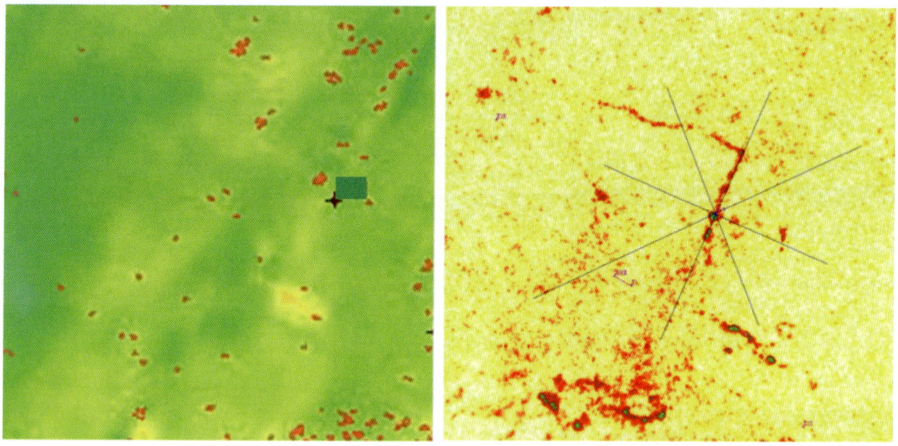

图3－5－8　缝洞储层(左)与火成岩体(右)平面分布规律图

4. 启示

在油气主力产区利用串珠地震响应特征识别和预测有效缝洞储层是常用的方法之一，但是，在有特殊地质体存在的区域，一定要关注地震属性、响应特征的多解性；在解释过程中，解释人员要充分了解区域地质概况，了解地层结构、岩性组合，研究地震响应特征形成的可能性；而且要对地震属性的平面展布规律加以分析，要从“点线面”不同的视角加以分析，分析其是否符合我们关注的地质体分布的地质规律，以排除非储层等其他因素的干扰。

案例 6：叠后属性流体预测的多解性陷阱

1. 问题与现象

某研究区位于盆地边缘的缓坡带上，构造基本呈一单斜，局部发育一些高陡正断层，主要的勘探层系为古近系渐新统，主要储层为三角洲水下分流河道砂岩，储集物性好，孔隙度在 20% 左右，单井产量高，最高产量达 3000bbl/d 以上；地层在纵向上具有砂岩—泥岩互层的特征，单层砂岩厚度一般小于 10m，且横向变化快；钻探证实该区油气藏的分布受构造和有利砂体分布的共同控制。

在岩性勘探早期，解释人员抓住了油藏的地震响应特征模式，以“低频、强振幅”为有利的含油砂体的地震响应(图 3 －6 －1)，利用振幅、频率等地震属性以及叠后地震波阻抗反演技术分析刻画了油藏的分布(见图 3 －6 －2)。

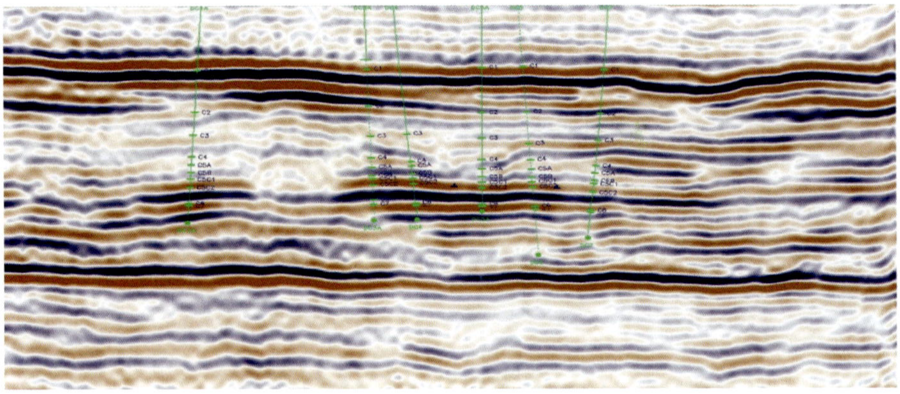

图 3 －6 －1　储层地震响应特征图(低频强振幅反射特征)

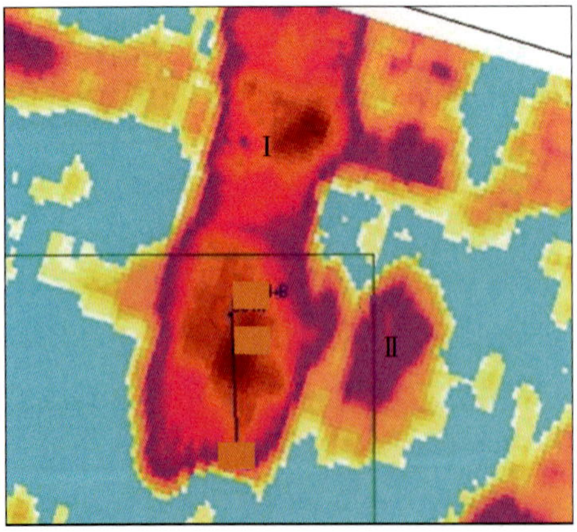

图 3 －6 －2　强振幅平面分布图

后续在图 3 －6 －2 中的近南北向的强振幅条带Ⅰ上部署 10 余口钻井均获成功，获得良好的油气效果。为扩大油气成果，在相邻的中强振幅条带Ⅱ上部署了井位，但该井却仅钻遇了薄储层，但未见到油气显示。

2. 原因分析

砂岩的自然伽马、密度、速度等参数与泥岩相比有明显的异常特征，图 3 －6 －3 是自然伽马与纵波阻抗(P － wave impedance，IMP)交会图，砂岩具有明显低 GR、高 IMP 特征，只要砂岩存在，地震剖面上均可形成短轴强振幅反射，但当砂岩含油后，纵波阻抗的变化很小，利用纵波阻抗很难区分砂体的物性和流体性质，依据叠后属性预测势必导致勘探的失利。

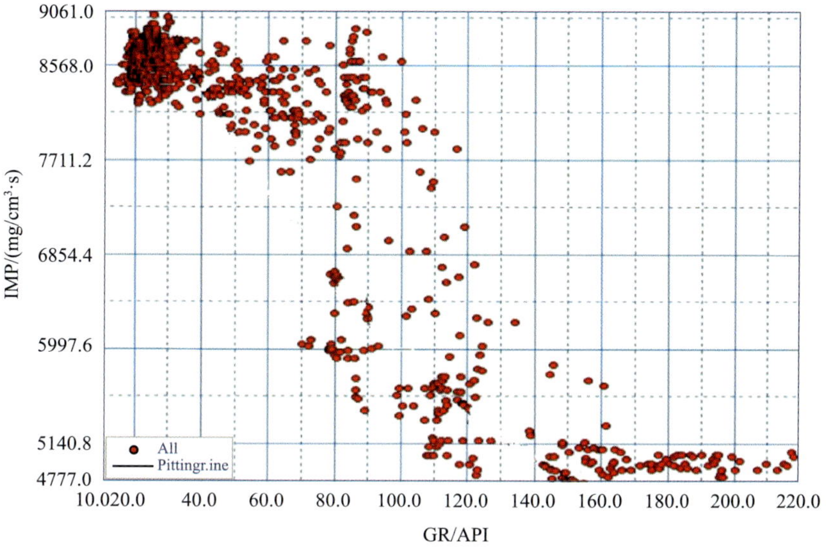

图 3－6－3 GR 与 IMP 交会图

3. 解决方案

从理论上说，叠前 AVO 属性是油气检测的较好方法，AVO 技术是通过分析叠前地震信息随炮检距的变化特征，建立储层含流体性质与 AVO 的关系，应用 AVO 的属性参数来对储层的含流体性质进行检测；在实际应用中，就是利用地震反射的 CRP 道集资料，分析储层界面上的反射波振幅随炮检距的变化规律，或通过计算反射波振幅随其入射角 θ 的变化参数，估算界面上的 AVO 属性参数和泊松比差，进一步推断储层的岩性和含油气性质。AVO 应用的基础是泊松比的变化，而泊松比的变化是不同岩性和不同孔隙流体介质之间存在差异的客观事实；因此，在泊松比变化的前提下，应用 AVO 技术进行储层识别和储层孔隙流体性质检测是可行的。

本案中，首先对地震资料的品质及分辨能力进行评估。

研究区目标砂层平均厚度 10m 左右，通过分别使用主频为 40Hz、45Hz、50Hz 和 60Hz 雷克子波进行精细标定，如图 3－6－4 可以看出含油段 Cx 砂体对应在波谷，随着地震主频增加，其下部泥岩与砂岩出现一个小的波峰反射，从研究目的层的角度出发，目前地震资料分辨率可以得到真正含油气砂体顶面 AVO 特征，拓频可以提高对下伏薄层砂体的识别能力。

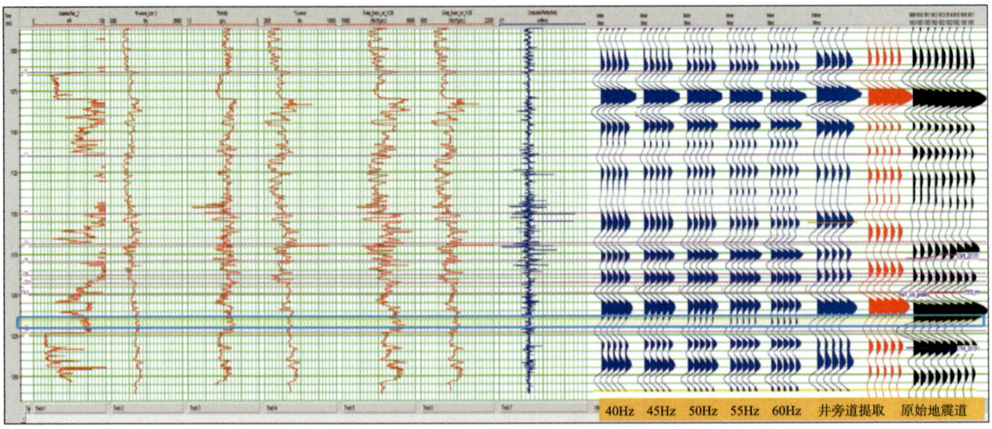

图 3－6－4　典型钻井不同主频子波合成记录标定对比图

其次，通过钻测井资料开展 AVO 正演模拟分析。

依据典型油井设计正演模型，含水饱和度变化范围为 0～100%，厚度变化为 2～20m，随着厚度变化 AVO 类型始终保持不变，但是 AVO 截距与梯度(AVO intercept and gradient，P、G)值随厚度变化比较明显。当储层厚度为 2m、4m、6m 时，P、G 值几乎随含水饱和度无明显变化，且 P、G 值都较大，这种 AVO 属性主要反映薄层调谐影响；如图3－6－5为储层厚度 2m 和 20m 两种模型，可以看出相同含水饱和度情况下，AVO 属性存在明显差异，而 20m 厚度情况下这种差异，主要反映了含水饱和度对 AVO 属性的影响。如图 3－6－6为 16m 情况下 P、G 属性随含水饱和度变化规律，当含水饱和度大于 90% 时，P、G 减小非常明显，这为后面 AVO 属性定性—半定量预测砂体含油气提供了直接证据。

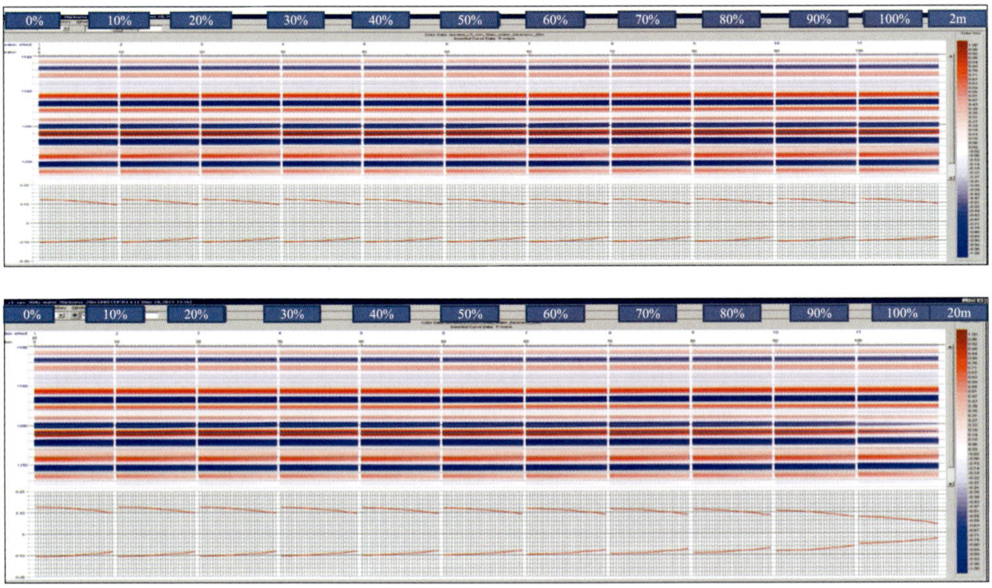

图 3－6－5　砂体 2m 与 20m 厚度 0～100% 含水饱和度 AVO 动态正演模拟

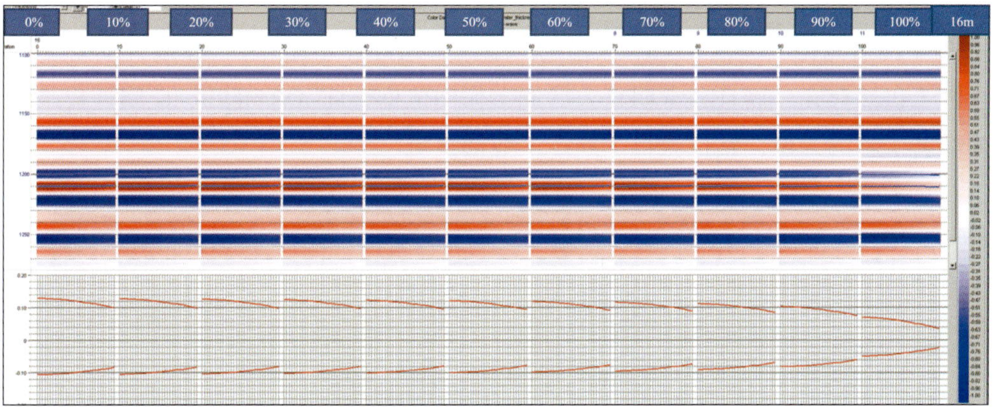

图 3－6－6　砂体 16m 厚度 0～100% 含水饱和和度 AVO 动态正演模拟

在完成不同厚度、不同含水饱和度 AVO 动态模拟的同时，提取了目的层砂岩顶底 AVO 曲线及 P、G 变化规律，以 16m 厚度为例，如图 3－6－7，从图中可以看出，AVO 属性 P、G 明显较小，当含水饱和度达到 100% 时，P、G 达到最小，且在交汇图上能够圈定出可能的含油含水范围，通过正演模拟分析，认为本区含油砂体顶底均有较强的 AVO 异常响应特征，这为 AVO 定量解释提供了依据。

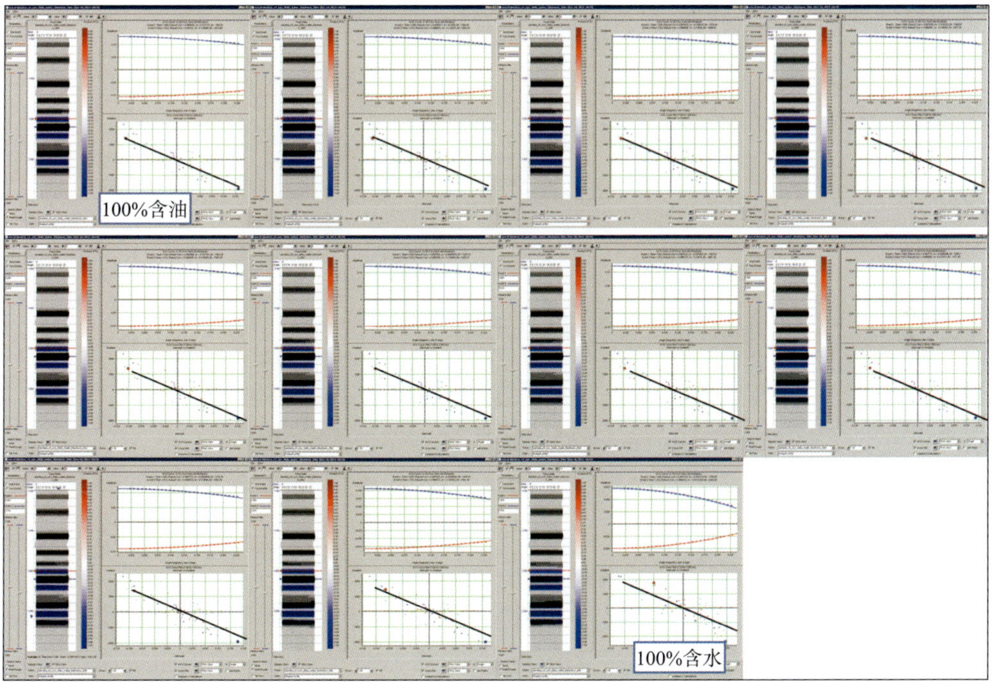

图 3－6－7　砂体 16m 厚度 0～100% 含水饱和和度 AVO 曲线及 P、G 变化统计

通过 AVO 正演模拟，认为 AVO 属性 P、G 能够较好地反应出目标砂体可能的含油气分布。后续的勘探实践也充分证明了 AVO 属性 P、G 在本区砂体含油气预测中的有效性。

应用叠前 CRP 道集开展 AVO 反演，应用 AVO 属性进行含油气性分析预测工作。

图3－6－8是过典型油井的P、G属性剖面，井点处异常明显；图3－6－9是过目的层的P、G属性平面展布图，与图3－6－2相比，中强振幅条带Ⅱ没有P、G属性异常，只有高产区条带Ⅰ仍然存在，而且异常明显。后期工作中依据叠前AVO的P、G属性成果在建议目标处部署了新的井位，钻探获得了高产工业油气流。

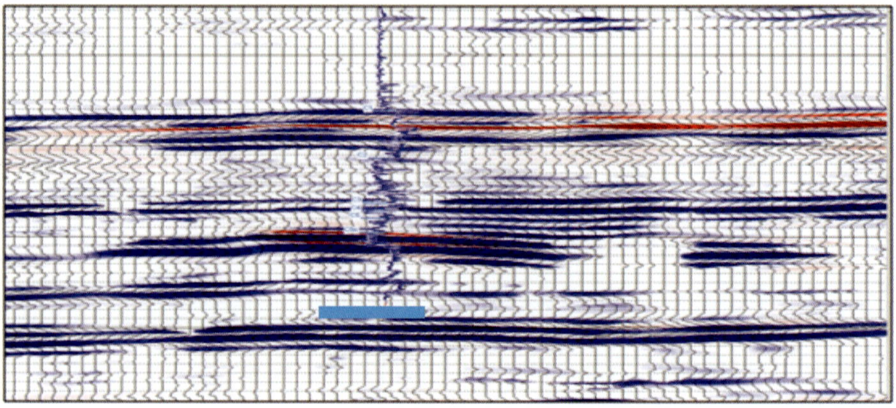

图3－6－8 典型油井的P、G属性

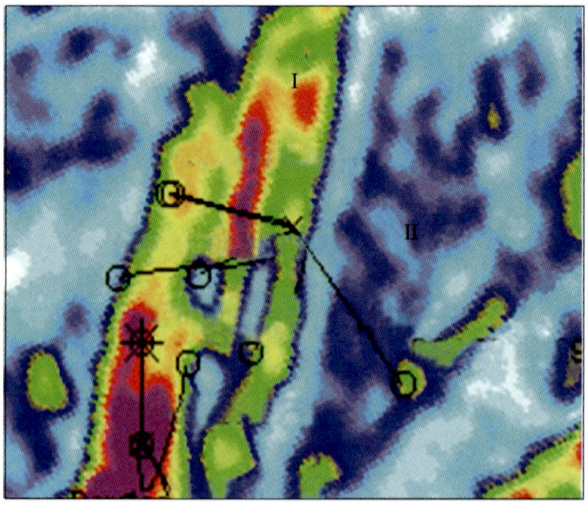

图3－6－9 AVO属性P、G流体因子属性图

4. 启示

利用叠后属性(振幅、波阻抗等)预测储层岩性、物性是地震解释常用的手段，在一定条件下是有效的。但是在很多情况下，受储层物性参数特征影响，纵波阻抗属性等叠后预测成果对油水反应不敏感，存在多解性陷阱，叠前弹性反演、AVO属性能够充分利用叠前道集的信息，是解决流体问题更好的手段。

不管是叠前还是叠后反演储层预测技术的应用，最重要的是要对技术的应用条件进行充分的评估，从岩石物理基础分析敏感属性参数和预测的可能性，从正演模拟、合成记录、井旁地震数据对比分析预测的可行性，从属性反演技术的特点分析方法的适用性。对于该区来讲，弹性参数对含油气性有足够大的敏感度，地震资料的品质好，油气层的厚度、含油饱和度足够大，深度条件合适，三维地震资料有足够的偏移距信息等等，整体评估是否满足了叠前 AVO 技术的应用条件。否则，如果条件不满足，叠前属性与叠前反演技术也可能存在多解性问题。

案例 7：叠前 AVO 反演流体预测的数据陷阱

1. 问题与现象

利用叠前 AVO 反演技术进行储层流体预测是业界广泛应用的方法，但在具体应用中经常会遇到效果不明显的情景，原因之一可能与叠前 AVO 反演的数据条件有关。本案例主要分析在叠前道集振幅畸变和深层缺少大角度数据两类数据条件下 AVO 反演造成的流体预测陷阱，并给出相应的解决对策。

对于叠前 AVO 反演来说，地震数据的振幅保真是重要的基础，但是在很多情况下，储层预测人员拿到的用于叠前 AVO 反演的地震数据不是“真振幅”的。例如，四川盆地某探区中深层储层为河道砂岩，通过地震强振幅属性及 AVO 反演的 P、G 属性预测出含气砂体的分布，并在有利区部署了几口钻井，这些井目的层在地震剖面上都表现为强振幅，在 P、G 剖面上也具有相似的属性特征，但是钻井结果有较大的差异，W1 和 W2 井含气饱和度低、低产，而 W3、W4 为高产井，由此可见，P、G 属性也不能有效预测含气量，导致勘探失利。

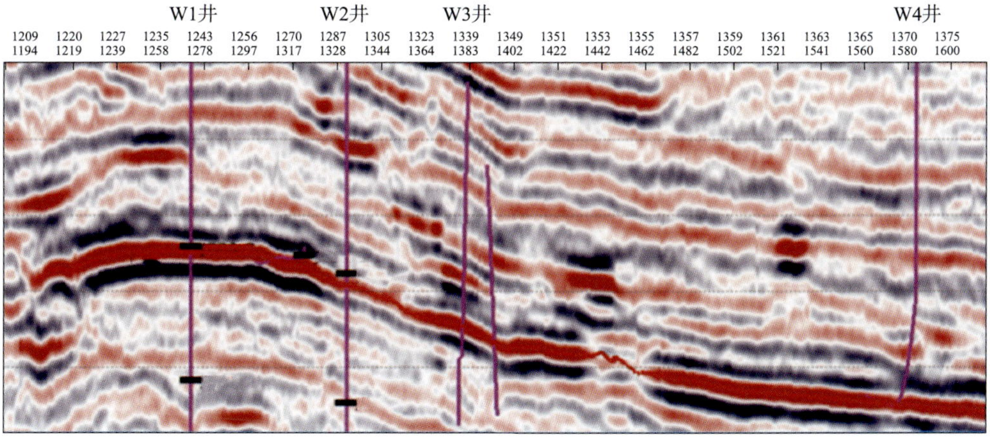

图 3－7－1 地震剖面

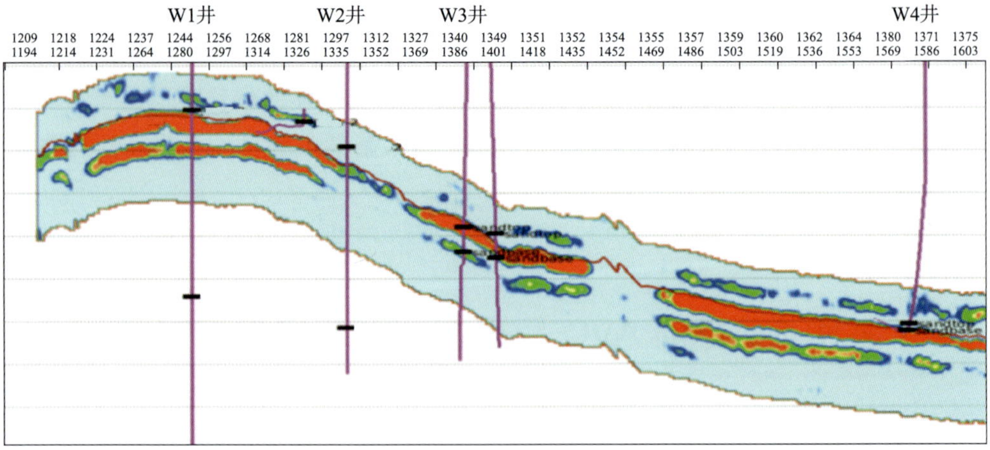

图3－7－2　P＊G属性剖面

2. 原因分析

通过正演模拟分析证实该区含流体储层具有良好的AVO特征，因此，只好从数据上寻找AVO失真的原因。通过对数据条件的分析发现该区存在着叠前道集振幅畸变的现象，如图3－7－3、图3－7－4和图3－7－5所示，左图为实际数据及其AVO曲线，右图为测井合成地震数据及AVO曲线，可以看出图3－7－3中两种AVO类型不符合，图3－7－4、图3－7－5中实际数据AVO拟合效果较差、与合成记录有较大差异，这必然会影响AVO分析的精度。

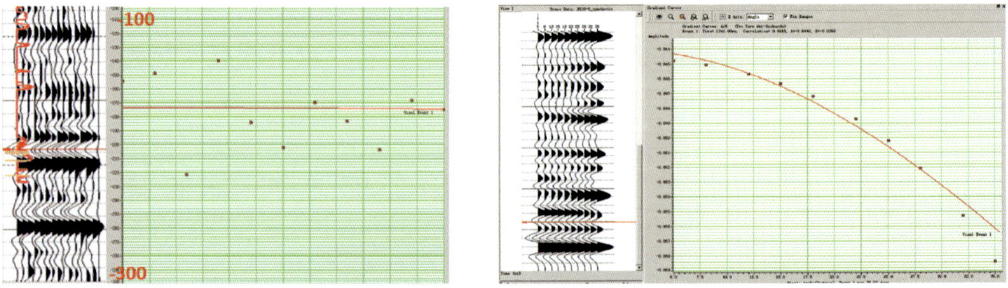

图3－7－3　井A校正前AVO曲线(左)和正演为Ⅲ类AVO曲线(右)

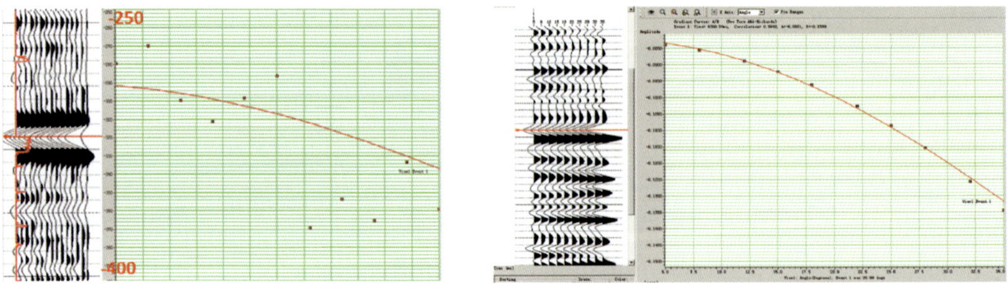

图3－7－4　井B校正前AVO曲线(左)和正演为Ⅱ类AVO曲线(右)

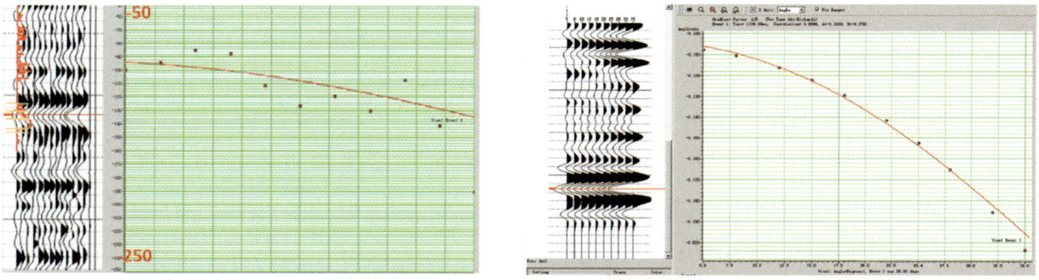

图3－7－5　井C校正前AVO曲线(左)和正演为Ⅲ类AVO曲线(右)

对于叠前AVO反演，地震数据的大偏移距是另一个重要的条件；该探区随后进行深层勘探时，采用了常规的三参数反演进行流体预测，结果如图3－7－6所示，无论是精度还是稳定性，都不能满足生产需求；研究表明，正是由于缺少大偏移距地震资料，目标储层埋藏较深，在这种小入射角度道集的资料基础上，采用常规的三项式进行叠前反演稳定性较差，尤其密度反演结果误差会很大，从而影响纵横波速度反演的精度和稳定性，影响流体预测精度。

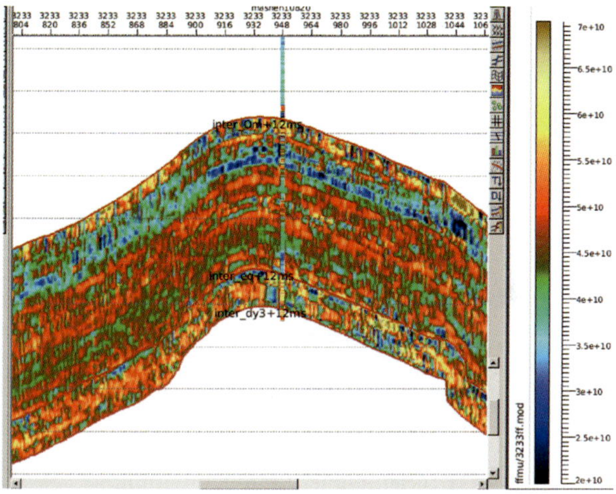

图3－7－6　常规流体因子反演剖面图

1)AVO振幅畸变的原因

导致振幅失真的原因大多与采集观测系统以及叠前偏移方法有关。以克西霍夫偏移为例，人们通常花费大量精力去计算和应用振幅恢复权重因子上，这只是影响偏移成像振幅的第二要素，而由采集观测系统导致的振幅异常才是我们需要首先要关心的问题。关于这个问题有很多学者展开了讨论，Albertin(1999)和Cooper(2009)都在这方面发表文章，认为应该将消除观测系统影响这部分的工作在偏移的过程中进行。

然而，实际情况往往是偏移过程中并未完全消除三维观测系统振幅异常。且在大多数情况下，重新偏移是没有条件实现的。因此，我们需要采用一种切实可行的方法，对前期偏移后的共偏移距道集进行优化处理，消除这种由于观测系统带来的振幅畸变。

2)影响深层流体预测精度的原因

造成深层流体预测精度低的原因主要有两个。一是深层目标缺少大偏移距地震资料，信噪比低，利用常规的三参数叠前反演(反射系数公式为三项式)稳定性差、精度低；二是常规流体因子通常是间接计算，即先通过弹性参数反演，再由弹性参数反演结果计算流体因子，存在较大累计误差。

3. 解决方案

1)针对 AVO 振幅畸变的叠前道集振幅优化处理

为了消除由于观测系统带来的振幅畸变，对叠前道集振幅进行优化处理，首先需要分析一下通常道集的同相轴的振幅所携带的信息。显然，同相轴的振幅既携带了与地质相关的信息，也包含了由观测系统造成的振幅畸变。我们需要将这两种不同的振幅响应区分开来，将符合地质规律的振幅关系进行分离，只显示有观测系统造成的振幅畸变，这样就可以定量地描述这种畸变。具体地做法是将全部三维数据按照偏移距顺序叠加成全偏移距道集。因为符合地质规律的振幅信息有两个，一个是构造信息，另一个是与储层和岩性有关的 AVO 信息。将全偏移距道集叠加，按照同偏移距量叠加可以冲抵地震道所携带的构造信息，得到的低频地震道表征该工区的观测系统误差，在这个地震道上可提取全区统计性场控因子。利用该因子进行校正，可以去除由于观测系统带来的振幅畸变，恢复叠前道集中原有的 AVO 信息。

通过图 3－7－7、图 3－7－8 我们可以看出，叠前道集空间振幅一致性校正技术不仅宏观上没有改变构造形态，并且也没有改变叠加剖面的频谱特征，证明方法的可靠性。

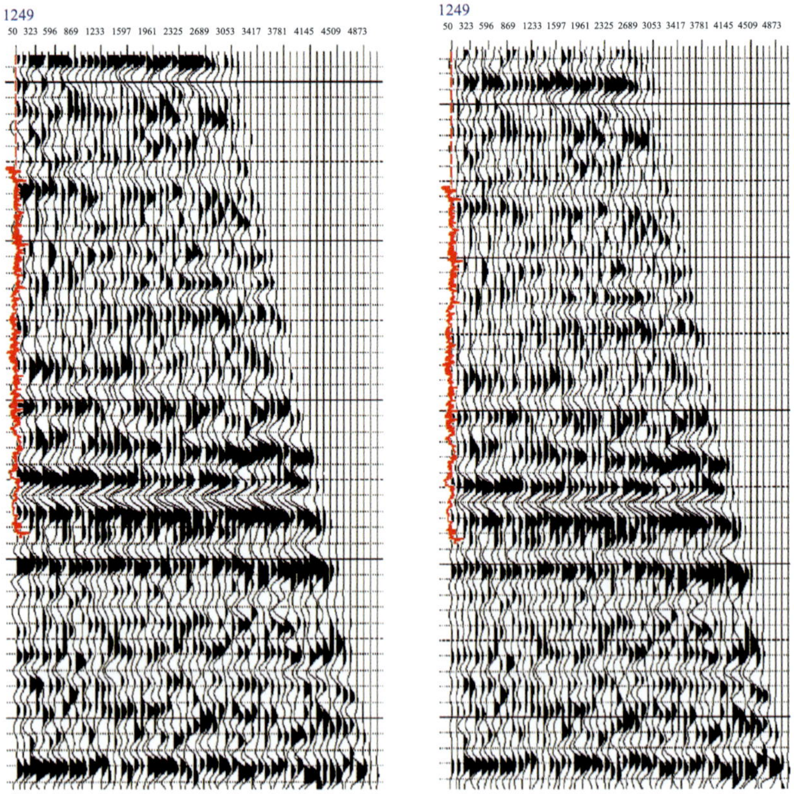

图 3－7－7　振幅校正前(左)及振幅校正后(右)叠加剖面对比

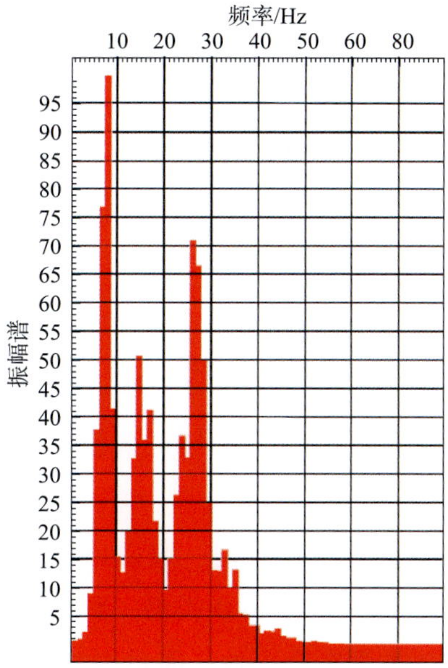

图3-7-8　振幅校正前(左)及振幅校正后(右)叠加剖面频谱对比

分别对三类不同AVO道集数据进行河流相储层叠前道集优化处理效果分析，如图3-7-9、图3-7-10、图3-7-11所示，可以看出：

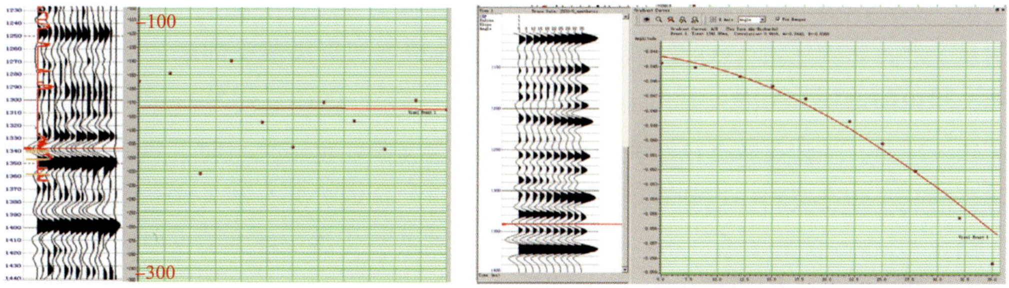

(a)校正前　　(b)校正后

图3-7-9　河流相储层叠前道集优化处理效果分析(一类)

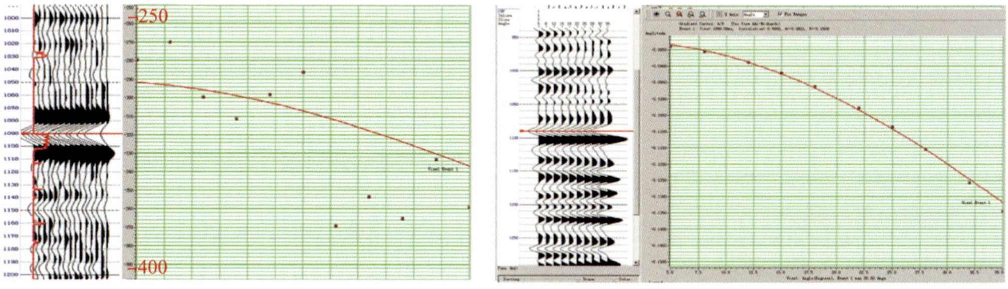

(a)校正前　　(b)校正后

图3-7-10　河流相储层叠前道集优化处理效果分析(二类)

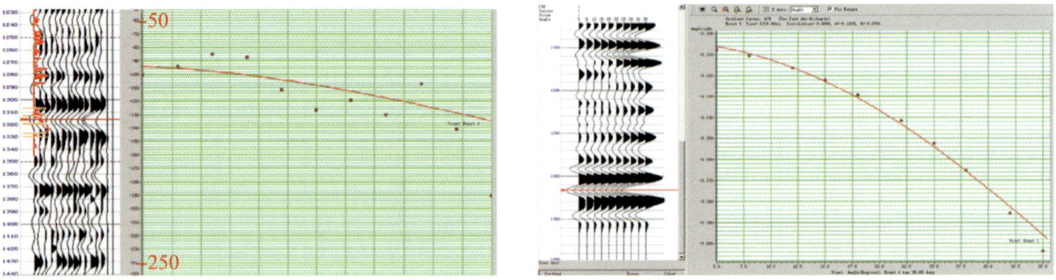

(a)校正前　　　　　　　　(b)校正后

图 3-7-11　河流相储层叠前道集优化处理效果分析(三类)

(1)一类校正效果：校正 AVO 类型，AVO 特征更明显，与正演模拟 AVO 类型更加吻合；

(2)二类校正效果：能量更加聚焦，与正演模拟 AVO 类型一致；

(3)三类校正效果：AVO 变化幅度更大，与正演模拟 AVO 类型一致。

优化后叠前道集 AVO 类型与正演模拟 AVO 类型完全一致，能量更加聚焦，AVO 变化幅度更大，道集质量整体明显提升。在此基础上再进行叠前 AVO 反演可得到更高精度的预测结果。

2)针对深层流体预测的小角度流体因子反演

由于深部储层地震资料通常照明度低、信噪比低、分辨率不足，尤其是缺乏大角度入射信息，严重影响三项 AVO 叠前流体因子反演的精度。解决该类问题的办法，首先应从采集上尽可能增加大角度入射角地震数据，以满足后续 AVO 反演等流体预测技术对的数据需求。但是，当地震数据已经完成采集，现阶段又不能重新采集时，我们需要考虑，如何尽可能从小角度资料中找到有用可靠的流体信息？这就需要改进 AVO 反演的算法。

结合 Gardner 经验关系，将三项 Russell 反射系数公式简化推导为含流体因子的两项反射系数方程。通过分析发现，对于深层小入射角度地震资料，两项式比常规三项式更稳定，因此更适合于深层流体识别。以两项式反射系数方程为理论基础开展流体因子叠前直接反演，可实现深部油气储层较高精度的流体预测。

针对深层地震数据入射角小的特点，参考(印兴耀，2016)推导的孔隙流体参数、剪切模量的两项反射系数近似公式为：

$$R_{pp}=\left[\left(\frac{1}{2}-\frac{\gamma_{dry}^2}{2\gamma_{sat}^2}\right)\sec^2\theta\,\frac{r_1\gamma_{sat}^2-r_2\gamma_{dry}^2}{(2r_1+1)\gamma_{sat}^2-(2r_2+1)\gamma_{dry}^2}\right]\frac{\Delta f}{f}+\left[\frac{1}{2}-\frac{2}{\gamma_{sat}^2}\sin^2\theta-\left(1-\frac{\gamma_{dry}^2}{2\gamma_{sat}^2}\sec^2\theta\right)\frac{r_2}{1+2r_2}\right]\frac{\Delta\mu}{\mu} \tag{3-7-1}$$

式中，f 为孔隙流体参数，μ 为剪切模量，γ_{dry}^2 为干岩石纵横波速比的平方，$\gamma_{dry}^2=(Vp/Vs)_{dry}^2$；$\gamma_{sat}^2$ 为饱和岩石纵横波速比的平方，$\gamma_{dry}^2=(Vp/Vs)^2$；r_1 为实际工区的密度与纵波速度数据的拟合系数，r_2 为横波速度反射系数与密度反射系数之间的拟合系数。

研究表明，公式(3－7－1)所示的两项式反射系数公式，相比常规的反射系数三项式，更适应于深层反射数据反演。另外，基于该公式开展叠前反演，可直接获得孔隙流体参数和剪切模量，从而进行流体预测，避免了常规三参数反演间接计算引入的传递误差。图3－7－12和图3－7－13分别为采用小角度两项流体因子反演和常规三参数反演结果，基于两个角度部分叠加数据，反演获得的流体因子f、μ与井中流体因子f、μ吻合度好，横向连续性好。叠前三参数反演基于三个角度部分叠加数据直接反演获得纵波速度、横波速度和密度，受叠前角度道集入射角范围影响，横波速度和密度反演效果较差，因此基于纵波速度、横波速度和密度计算的流体因子f、μ效果较差。反演结果表明，二项式反演方法与常规叠前反演相比更适用于入射角范围较小地区的流体检测。

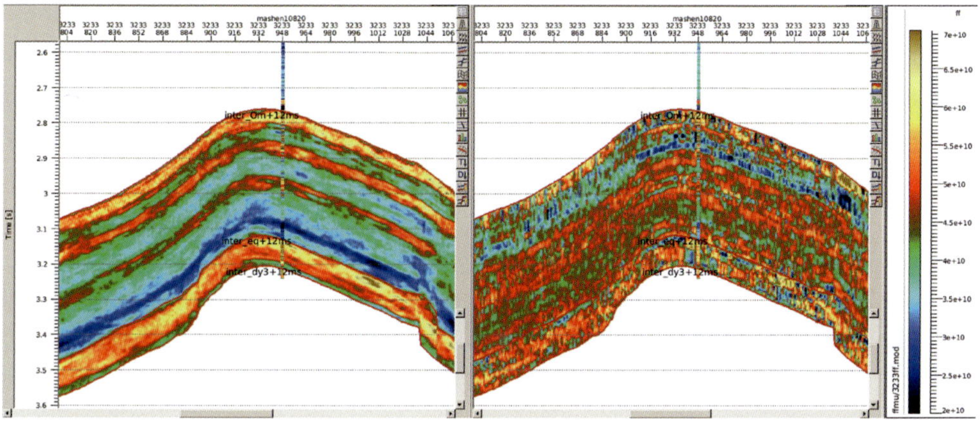

(a)二项式直接反演　　(b)常规三项式间接反演

图3－7－12　流体敏感因子f预测结果

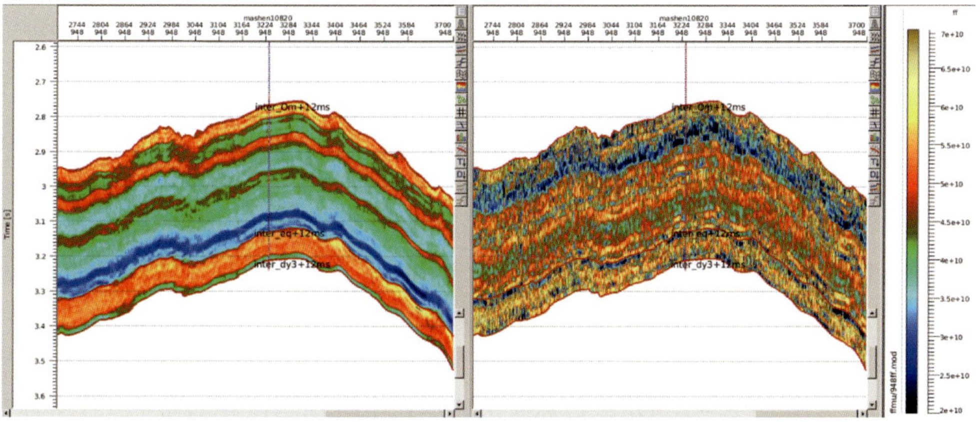

(a)二项式直接反演　　(b)常规三项式间接反演

图3－7－13　剪切模量μ预测结果

4. 启示

(1) AVO 分析和叠前反演是业界常用的储层预测和流体识别方法，该方法的应用效果与多方面因素有关。在地质条件符合 AVO 特征时出现了 AVO 反演结果失真的现象，我们必须分析所用的地震数据的适用性。针对叠前道集存在的振幅畸变问题，叠前道集优化处理是解决地震采集和处理的先天不足的高效折中手段。通过叠前道集优化处理技术可以有效的消除地震采集观测系统带来的 AVO 假象，恢复真实 AVO 关系。在此基础上开展叠前 AVO 反演才能获得更符合实际地质规律、更高精度的流体预测结果。

(2) 当用于 AVO 反演的数据(缺少大入射角信息)不能改变时，我们需要考虑选择更有效的算法。叠前 AVO 反演常用的基于 Aki – Richards 近似的三项反射系数近似式算法，不适用于深层缺少大角度地震数据的地质条件，需要针对性地采用适合小角度地震资料的两项反射系数近似式。这就提示我们，不能机械地照搬常规的叠前反演方法，要针对具体的工区、具体的地质目标类型、埋深与偏移距等的关系以及具体的地震数据特征做方法适用性分析，选择合适的方法进行叠前反演。

案例 8：流体识别的 AVO 反演方法适用性陷阱

1. 问题与现象

AVO 反演是流体识别的一种常用方法，然而，AVO 反演应用的结果是否准确与很多因素有关，如参数选取、角道集数据质量、方法适用性等，在上一个案例中重点讨论数据的适用性。本案例主要探讨由于 AVO 反演方法选择不恰当导致的流体识别陷阱。

川西区块发育多期河道砂岩储层，含气性预测是面临的主要问题和难点。该区岩石物理分析认为泊松阻抗可以反映该区域储层含气性质，而泊松阻抗可以通过叠前 AVO 反演获得的弹性参数转化而来，因而，采用基于 AVO 反演方法的泊松阻抗方法进行含气性预测。如图 3 – 8 – 1 所示，目标河道为强振幅波谷、反射特征同相轴连续性较好。1 井和 2 井位置处，地震波振幅特征均为“亮点”特征，但测试结果表明，构造高部位的 1 井钻遇水层，构造低部位的 2 井钻遇高产气层。AVO 反演泊松阻抗时，发现局部泊松阻抗的含气性指示效果较差，如图 3 – 8 – 2 所示，目标河道的泊松阻抗预测连井剖面中，1 井与 2 井的含气性指示与实际情况相反，含气较差的 1 井位置处含气性预测显示较好，而含气较好的 2 井处含气性预测显示差，由此可见，应用常规的 AVO 属性对该区的含气性预测存在与实际钻井不一致的情况，这可能是流体识别的反演方法陷阱。

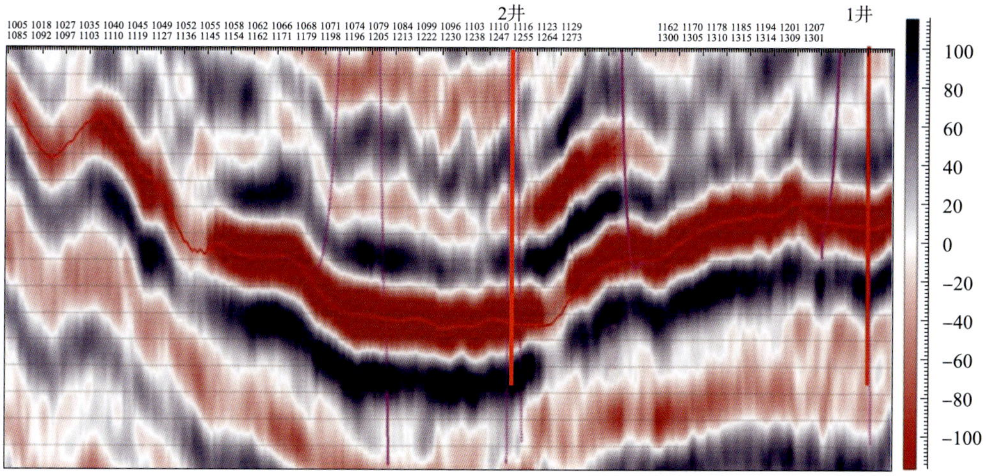

图 3－8－1　目标河道反射波同向轴特征示意图

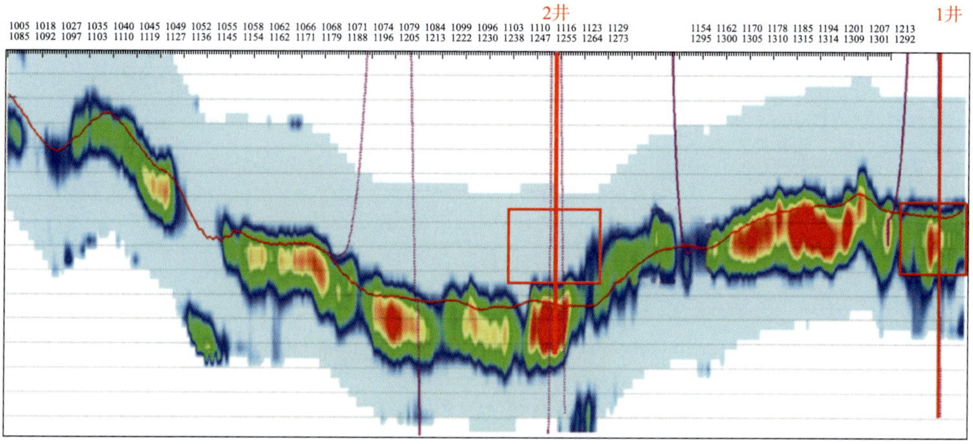

图 3－8－2　基于常规 AVO 反演获得的流体因子的含气性预测剖面图

2. 原因分析

针对这个问题，回顾了 AVO 反演流程(图 3－8－3)，分析了反演方法适应性，发现引起流体因子预测结果与钻井数据不吻合的原因为：采用的常规 AVO 反演方法使用 Aki&Richards 近似公式作为正演基础，以纵横波速度、密度作为目标参数进行反演(图中环节②)，然而由于反演过程中选取的角道集不包含大角度信息，使得密度反演不准确，进而也影响了纵横波速度的反演结果准确性，且阻抗转换环节容易积累误差，从而使得三参数反演结果均出现误差。

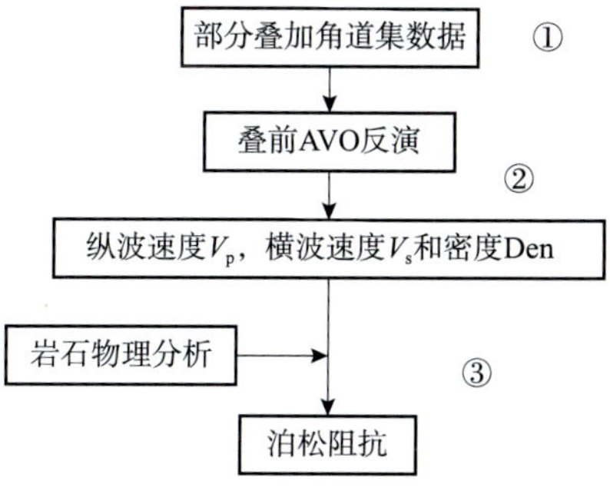

图 3－8－3　常规 AVO 反演技术路线示意图

3. 解决方案

首先，针对常规流程阻抗转换环节误差积累的问题，重新设计了以下的新的叠前 AVO 反演技术路线，如图 3－8－4，首先利用岩石物理分析作为基础明确欲获得的敏感参数为泊松阻抗；然后基于泊松阻抗与弹性参数的转换关系、通过分析不同 AVO 近似公式的特点和敏感性并结合研究区地震数据的入射角范围，选取拟反演的目标参数；接着通过分析选取的 AVO 近似公式对输入数据角度范围和角度间隔的适应程度，确定输入数据的入射角选择策略和角道集数据组织方式，最后采用同时反演方法获得含气指示因子泊松阻抗的估计。

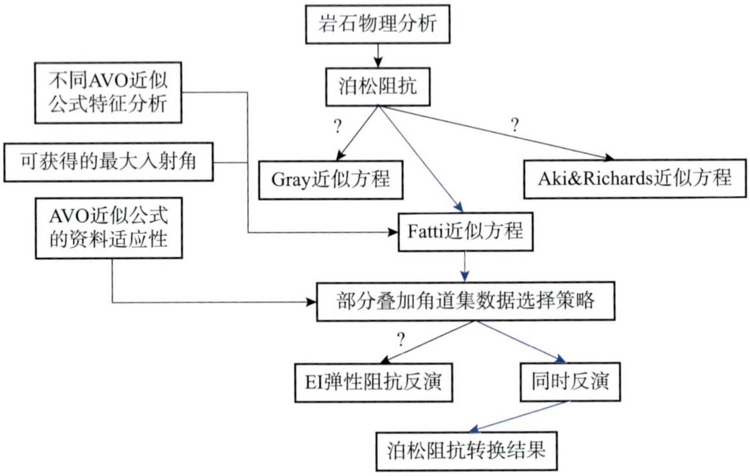

图 3－8－4　新的叠前 AVO 反演技术路线示意图

第二，精选 AVO 近似公式，更好凸显流体特征。利用不同的 AVO 近似公式都可以获得所需的泊松阻抗参数，那么该如何选择 AVO 近似公式进行叠前反演呢？这里对已有的常用的 AVO 近似式进行总结和分类，依据研究区的特定条件选择大类；然后在选定大类中分析各 AVO 近似公式包含的参数与目标参数（泊松阻抗）间的转换难易程度和参数敏感性（反应反演参数的准确度）；最终选取适合于研究区的 AVO 近似公式。

第一步总结了常用 AVO 近似公式，将不同近似公式的适用条件编成表 3－8－1，归纳并分析了包含不同目标参数的 Zoeppritz 方程近似式。认为 Zoeppritz 方程近似式可以分为三类：①仅引入参数固有关系的近似式，如 Aki&Richards 近似式、Fatti 近似式等，这类近似公式，除 Zoeppritz 方程到 AVO 近似式的近似外，无其他引入误差，反演过程不受其他影响因素影响；②引入固定经验关系（如 Gardner 公式等）的近似式，如 Smith & Gidlow 近似式等，这类近似公式，引入了岩石物理统计获得的经验关系，如果研究区的储层岩石物理特征不符合假设，会一定程度上影响反演方法中涉及到的矩阵系数的准确性，并影响反演过程；③引入岩石物理模型参数（如干岩石和湿岩石横纵波速度比等）的近似式，如固液解耦流体因子近似式等，这类近似式理论先进，引入的参数通过岩石物理统计或实验获得，使用时要注意统计分析的准确性，在少井或储层横向变化快的研究区域内，要慎重使用。对于川西研究区来说，河道储层横向变化快，利用统计规律难以确定岩石物理参数(如干岩石和湿岩石的纵横波速度比参数等)，因此选取第一类近似公式较为合理。

表 3-8-1　不同 AVO 近似公式特征

近似公式	公式	求解对象	假设条件及限制
Aki&Richards	$R_P(\theta)=\frac{1}{2}\left(1-4\frac{Vs^2}{Vp^2}\sin^2\theta\right)\frac{\Delta\rho}{\rho}+\sec^2\theta\frac{\Delta Vp}{Vp}-4\frac{Vs^2}{Vp^2}\sin^2\theta\frac{\Delta Vs}{Vs}$	V_P、V_S 和 ρ	①适用于小于 50°的角度； ②反射界面上下差异小
Gray 等	$R(\theta)=\frac{1}{2}\left(\frac{\Delta\lambda}{\lambda}\right)\left[1-\left(\frac{V_s}{V_p}\right)^2\right]\sec^2\theta-\left(\frac{\Delta\mu}{\mu}\right)\left(\frac{V_s}{V_p}\right)^2\left(\frac{1}{2}\sec^2\theta-2\sin^2\theta\right)\sin^2\theta+\frac{1}{2}\left(\frac{\Delta\rho}{\rho}\right)(1-\sec^2\theta)$	拉梅参数及密度	①对 V_P/V_S 无假设； ②适用于小于 60°的角度
Shuey	$R(\theta)\approx R_p+G\sin^2\theta+C(\mathrm{tg}^2\theta-\sin^2\theta)$	R_p，G	①第三项舍去的条件是入射角应小于 25°； ②梯度的变化可能是流体的响应，但也有可能是岩性变化引起的
Russell	$R_{PP}^{iso}=\left(\frac{1}{4}-\frac{\gamma_{dry}^2}{4\gamma_{sat}^2}\sec^2\theta\right)\frac{\Delta f}{f}+\left(\frac{\gamma_{dry}^2}{4\gamma_{sat}^2}\sec^2\theta-\frac{2}{\gamma_{sat}^2}-\sin^2\theta\right)\frac{\Delta\mu}{\mu}+\left(\frac{1}{2}-\frac{\sec^2\theta}{4}\right)\frac{\Delta\rho}{\rho}$	Gassmann 流体项	①需要岩石物理统计计算干岩石和湿岩石参数
Hilterman	$R(\theta)\approx R_p+\cos^2\theta+\frac{\Delta\sigma}{(1-\sigma)^2}\sin^2\theta$	R_p，$\frac{\Delta\sigma}{(1-\sigma)^2}$	①基于 Shuey 近似公式； ②忽略大于 30°的角度； ③假设 $V_P/V_S=2$，对密度没有假定条件； ④泊松比反射系数的变化无法确定是流体还是岩性引起的
Zong 等	$R_{PP}^{iso}=\left(\frac{1}{4}\sec^2\theta-2g\sin^2\theta\right)\frac{\Delta E}{E}+\left(\frac{1}{4}\sec^2\theta\frac{(2g-3)(2g-1)^2}{g(4g-3)}-2g\sin^2\theta\frac{1-2g}{3-4g}\right)\frac{\Delta\sigma}{\sigma}+\left(\frac{1}{2}-\frac{1}{4}\sec^2\theta\right)\frac{\Delta\rho}{\rho}$	指示脆性的杨氏模型和泊松比	①基于纵横波模量公式； ②应用入射角小于 40 度
Fatti 等	$R(\theta)=\frac{1}{2}\left(\frac{\Delta I_p}{I_p}\right)(1+\tan^2\theta)-4\left(\frac{V_s}{V_p}\right)^2\left(\frac{\Delta I_s}{I_s}\right)\sin^2\theta$	纵波阻抗、横波阻抗及密度	①适用于小于 50°的角度； ②对 V_P/V_S 和密度无假设； ③两项式需要假设 $V_P/V_S=2$
Yin 等	$R_{PP}^{iso}=\left[\left(1-\frac{\gamma_{dry}^2}{\gamma_{sat}^2}\right)\frac{\sec^2\theta}{4}\right]\frac{\Delta K_f}{K_f}+\left(\frac{\gamma_{dry}^2}{4\gamma_{sat}^2}\sec^2\theta-\frac{2}{\gamma_{sat}^2}\sin^2\theta\right)\frac{\Delta f_m}{f_m}+\left(\frac{1}{2}-\frac{\sec^2\theta}{4}\right)\frac{\Delta\rho}{\rho}+\left(\frac{\sec^2\theta}{4}-\frac{\gamma_{dry}^2}{2\gamma_{sat}^2}\sec^2\theta+\frac{2}{\gamma_{sat}^2}\sin^2\theta\right)\frac{\Delta\phi}{\phi}$	包括固液解耦流体因子的四项	①需要岩石物理统计计算干岩石和湿岩石参数； ②基于 Nur、Batzle 和 Han 的结论

然后，对选取的第一大类近似公式做进一步分析，即对第一大类中不同 AVO 近似公式的参数组合的敏感性进行分析。选取了一大类中三个 AVO 近似公式(Fatti 近似式、Aki&Richards 近似式和 Gray 近似式)进行敏感性分析，采用系数矩阵偏导数作为度量。获得的参数敏感性分析如图 3-8-5(图中曲线代表各项参数的敏感度，数值越大参数敏感性越高；不同颜色代表不同参数项，以 Fatti 公式为例，蓝色曲线代表纵波阻抗参数的敏感度，红色曲线代表横波阻抗参数的敏感度，绿色曲线代表密度参数的敏感度)。图 3-8-5中三个公式对应的密度项都用绿色曲线表示，考虑到研究区可获得的角道集数

据的最大入射角不大，密度项的反演结果可能出现不准确现象，如果采用密度敏感性最高[见图3-8-5(c)中Gray近似式]的近似公式，那么其他两项的反演精度将更差。Fatti公式对应的图中[见图3-8-5(a)]，密度项敏感性较低，因此在研究区角道集的入射角范围不适宜进行密度反演时，采用Fatti两项公式可以省略密度项，不会妨碍我们获取稳定的纵横波阻抗反演结果。且通过纵横波阻抗的反演结果可以较为方便的转换获得泊松阻抗。通过不同AVO近似公式特征总结与敏感性分析得到的结论是，适合该研究区的叠前反演方法是Fatti两项公式。

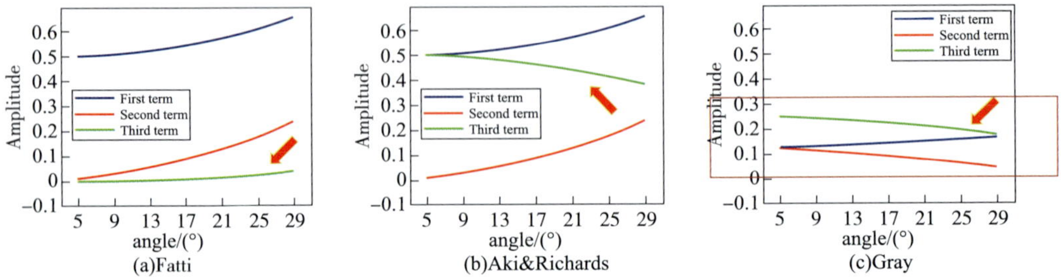

图3-8-5　第一大类中不同公式的参数敏感性分析

第三，在确定了采用的近似公式后，如何组织已有的角道集资料进行叠前反演？通过对输入资料入射角范围和间隔的研究分析，获取组织叠前角道集数据的正确方式，并进一步论证适合研究区叠前反演采用的AVO近似公式是Fatti两项公式的结论。

如图3-8-6给出了叠前角道集不同的输入方式对反演的影响分析，利用可以反映反演稳定性的条件数作为度量，数值越大反演越不稳定，数值越小反演越稳定。图3-8-6(a)给出了四种近似公式对输入数据的最小角度的适应性，各公式的稳定性随着最小入射角的增加而变差，这是由于最小入射角较大时，可以反映小角度信息的信息量不足引起的，即最小入射角度越大，反演越不稳定，但也可以看到，Fatti三项和两项公式的条件数相对小，即在同样的最小入射角度条件下，这两个AVO近似式最为稳定，如图中蓝色圈中部分所示；图3-8-6(b)给出了四种近似公式反演稳定性随最大入射角度的变化，可见最大入射角越大，反演越稳定，这是由于信息量的增加使得密度反演更准确引起的，进而使得反演整体更稳定。可以看到Fatti两项公式的曲线出现了向下凹的现象，这是由于Fatti两项公式舍弃了密度项引起的。在最大入射角增加到一定程度时，由于缺失密度项，Fatti两项公式无法匹配大角度数据，进而导致了不稳定现象的发生，但由于研究区的大角度数据难以获取，最大角度不超过40°，且Fatti两项公式在40°左右是可以保持较好的稳定性的，如图中蓝色圈中部分所示，因此Fatti两项公式对于研究区是适合的；图3-8-6(c)给出了输入数据的角度间隔对反演的影响，可见角度间隔太小会导致信息冗余，使反演稳定性变差，而角度间隔过大会导致信息量不足，反演稳定性也比较差，角度间隔在12°左右时较好，如图红色圈中部分所示，因此在重新选取输入数据时，结合研究区情况，我们选取了8°、20°和32°的角度组合。另外需要提到的是，尽管基于弹性阻抗的反演具有稳定的优势，但反演过程中需要将获得的弹性阻抗转化为弹性参数，增加了转换误差的积累，因此，这里的叠前反演实现采用了同时反演的策略。

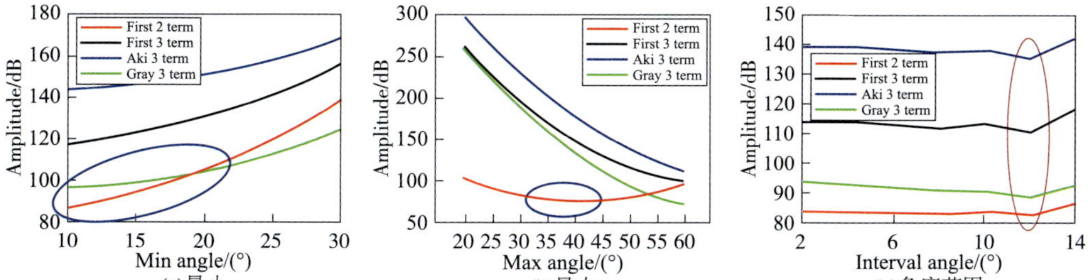

(a)最小　(b)最大　(c)角度范围

图 3-8-6　不同最小、最大角度和角度范围的反演稳定性分析

图 3-8-7 给出了选取合理 AVO 近似式(Fatti 二项式)和合理部分叠加角道集数据作为输入(角度组合为 8、20 和 32 度)获得的流体因子反演连井剖面，可见 1 井(水层，少量气)和 2 井(含气富集)处的流体因子指示与实际钻井情况吻合。

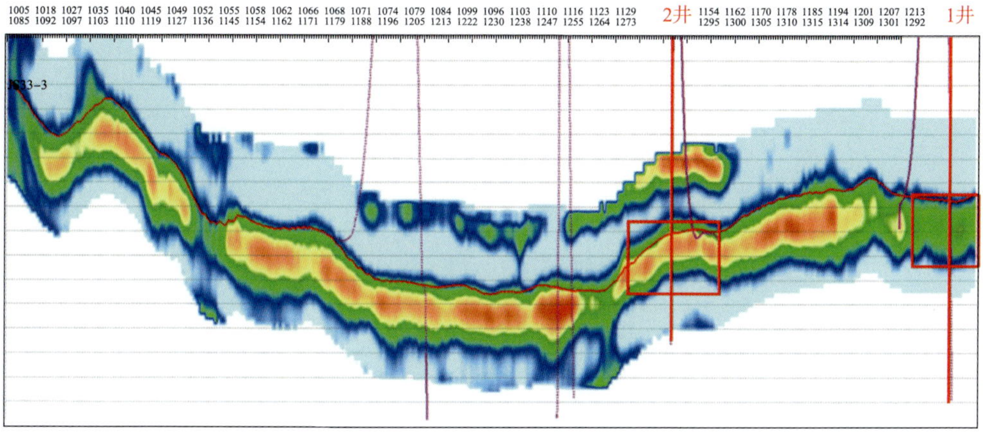

图 3-8-7　选取合理 AVO 近似式和合理输入数据获得的含气性预测剖面图

通过对叠前 AVO 反演方法各个环节的细致研究，避开了由于反演目标及数据选取不恰当引起的叠前反演在流体识别中的陷阱，获得了较好的应用效果。

4. 启示

应用叠前反演进行流体识别的效果取决于地质条件、数据条件和方法的适用性。在岩石物理条件和数据条件都满足的条件下，还需要考虑方法的适用性。由于弹性参数与地震数据之间的映射关系非常复杂，叠前 AVO 反演对近似公式和输入数据的敏感性较高，意味着选取 AVO 近似公式不合理会对反演结果产生较大的误差。因此，在利用叠前反演进行储层和含气性预测时，只有选用最合理的 AVO 近似公式进行反演，才能获得的合理的流体因子反演结果，才能更好地反映研究区储层和含气性，避免应用陷阱。

这里给出一些建议：

(1)由于许多直接反演流体因子的近似公式不同程度上引入了岩石物理理论和统计规律作为基础，所以在采用这类公式进行反演时，需要对研究区岩石物理统计的规律进行细致的质控，尽量不要采用引入不符合研究区特定特征的经验关系或岩石物理模型参数的AVO近似公式，而应该选取第一大类的AVO近似公式进行叠前反演；

(2)如果入射角角度范围理想(可获取较大入射角的数据并且数据质量良好)，可选取三参数近似式进行反演，否则，建议选择纵横波阻抗作为反演目标，由于密度项敏感性弱，如非必需，尽量避免直接反演密度；

(3)在反演前，一定要先通过岩石物理分析获得敏感参数，并分析敏感参数的转换方式和转换方式对不同参数的依赖程度。

第四章

深层地震勘探技术综合应用实例

中国深层油气资源潜力巨大，是未来油气勘探开发的重要领域。塔里木、四川和鄂尔多斯盆地的海相深层碳酸盐岩油气是最重要的突破领域。传统常规的物探技术，靠单一的采集或处理解释技术，即便是先进的，由于缺乏系统配套性，也难以有效解决问题。通过大量的试验研究和实际生产应用的总结认识到，面对此类深层复杂构造地质体的勘探，必须采用地震采集、处理、解释一体化的思路开展系统性的综合研究，从复杂地表、地质条件下的高质量地震采集入手，做好以深度域成像为核心地震成像处理，综合利用叠前、叠后地震属性开展沉积相带、储层与流体预测研究，精细刻画多尺度储集体，才能有效解决复杂地质体描述与目标落实问题。但是，在地震一体化技术应用的过程中，怎样做好一体化的设计和试验？怎样根据地表地质条件抓住采集、处理、解释各环节的主要矛盾，合理用好地震新技术目前还存在很多陷阱。如一体化工作流程、高密度地震采集技术、“小平滑面”速度建模与叠前深度成像技术以及“五维数据”叠前方位各向异性裂缝检测、叠前反演等关键技术方面，都需要科学合理地选择方法、流程和参数才能达到预期的效果。

本章节列举 3 个案例，重点围绕着深层海相碳酸盐岩断控缝洞型储集体及深层页岩气勘探，列举了面向深层复杂地质体勘探的地震一体化技术应用、深层页岩气甜点预测方面的综合技术和深层断控体的地震描述技术应用三个方面的综合应用案例。针对地质问题，提出相关技术对策，给出了技术方法成功的应用实例。

案例 1：面向深层复杂地质体勘探的地震一体化技术应用

1. 难点与挑战

我国塔里木、四川和鄂尔多斯等盆地的海相深层碳酸盐岩油气勘探领域，以岩溶缝洞型、礁滩孔隙型、白云岩孔隙型和裂缝型为典型的特殊储层，具有构造圈闭复杂性和储层多样性。一是地表与地下“双复杂”，具有埋藏深、温压高、构造复杂和尺度小、非均质性等特点，从而导致了地震波场复杂、地震信号弱、信噪比低、分辨率低及地震各向异性等诸多地球物理问题；二是非均质和各向异性问题挑战了传统的基于水平层状介质理论的动静校正方法和成像方法；三是单一的叠后的地震属性方法难以解决复杂储层和流体预测问题。因此，对于深层地震勘探来说，遇到的主要难题是，如何在野外克服复杂地表问题，采集到高质量的地震记录？如何在地表、地质双复杂条件下做好地震成像处理得到能准确地描述地下地质构造的地震剖面？如何利用地震资料及地震属性精确地预测地下复杂储层和流体？这对于地球物理勘探技术提出了严峻的挑战。

2. 研究思路

面向深层复杂地质体勘探的地震技术是一个系统工程，靠单一的方法是难以解决问题的，必须采用地震采集、处理、解释一体化技术，对症下药、合理应用新技术。通常在深层地震勘探生产过程中，一体化和新技术应用研究不到位是导致地震勘探达不到预期效果的主要原因：一是地震一体化技术的应用没有做到真正的一体化设计和试验，要么是采集处理脱节、要么是处理解释脱节，没有形成以地质目标为核心的采集、处理、解释一体化闭环工作流程；二是没有根据地表地质条件抓住地震采集、处理、解释各环节的主要矛盾以及相应关键地震新技术，虽然用了不少新技术，要么对解决地表及地质问题的针对性不强、要么参数选择不科学不适用，如高密度地震采集技术、叠前深度成像技术以及叠前反演等关键技术应用的流程和参数不到位。因此，必须开展面向地质目标的地震一体化新技术应用研究，首先确定合理完善的地震一体化新技术应用流程，然后围绕着地质目标和技术的适用性做好地震采集、地震成像和储层流体预测等关键技术的综合应用。

3. 技术方案

1) 地震一体化新技术应用流程

深层复杂地质体勘探面临的这些地球物理难题往往不是孤立的，而是贯穿于地震采集、处理、解释的各个环节之中，应用单一环节的技术是不能有效地解决问题。因此，必须采用地震采集、处理、解释一体化的叠前成像与反演的路线来系统地解决问题。地震一体化技术应用流程如图 4－1－1 所示。

所谓“地震一体化技术”，就是从地质模型出发，系统考虑面临的地球物理难题对采集、处理和解释每个环节的影响，开展基于复杂地表地质模型正演模拟的采集设计模拟分析、处理成像、岩石物理分析与反演等系统研究，是一个闭环的一体化工作流程，避免了采集与处理的脱节或处理与解释的脱节，由此反复试验找到适合实际工区的地震采集、处理与解释技术流程与参数。在地震一体化技术流程中涉及很多技术，其中，三维地震正演模拟与观测系统设计技术、岩石物理建模与分析技术以及静校正、去噪等地震预处理技术是重要的基础。本案例重点介绍的是：在地震采集环节以得好、得全地震成像所需资料为中心的“小宽高”高密度地震采集技术；在地震处理环节以“小平滑面”RTM 深度成像为核心的预处理和速度建模与成像技术；地震解释环节以“五维数据”各向异性叠前反演技术为核心的裂缝、甜点、流体预测技术。

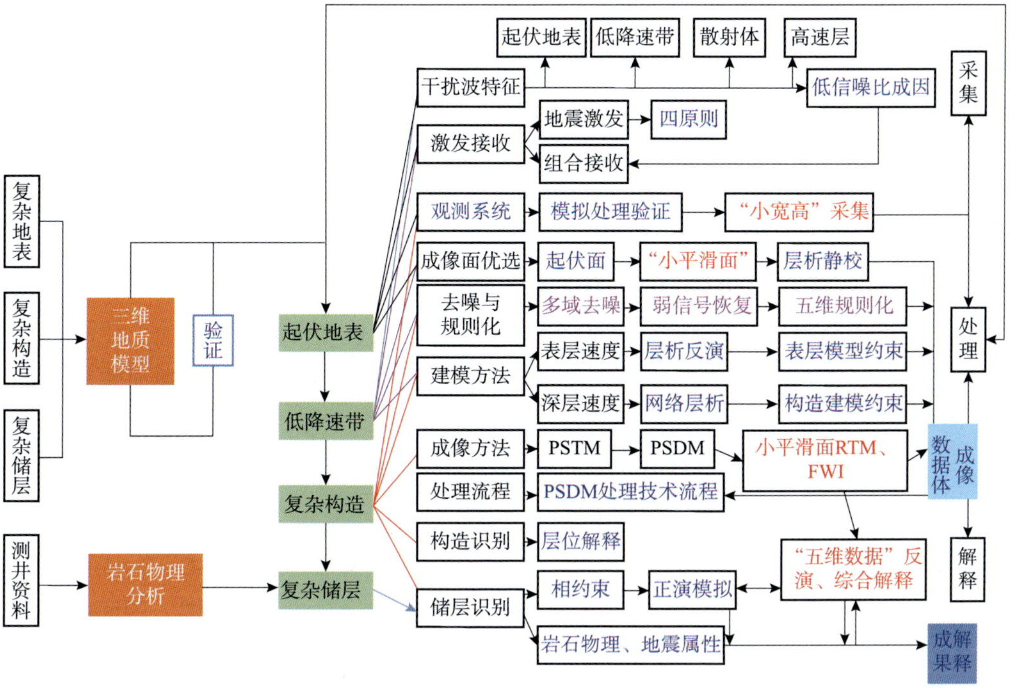

图4-1-1　地震一体化技术应用流程

2）高密度地震采集一体化技术对策

高密度地震采集技术是应对复杂地表与地质目标的利器，本案例应用的是“小宽高”高密度地震采集技术。“小宽高”是指采用小道距、小面元，宽方位、宽频带，高覆盖、高炮道密度。

为了满足地下复杂构造成像的需求，必须对地质体进行高密度均匀的采样，如图4-1-2所示。也就是说，地震野外采集时，尽量得全资料，包括地表、地下的高密度均匀全方位采样。

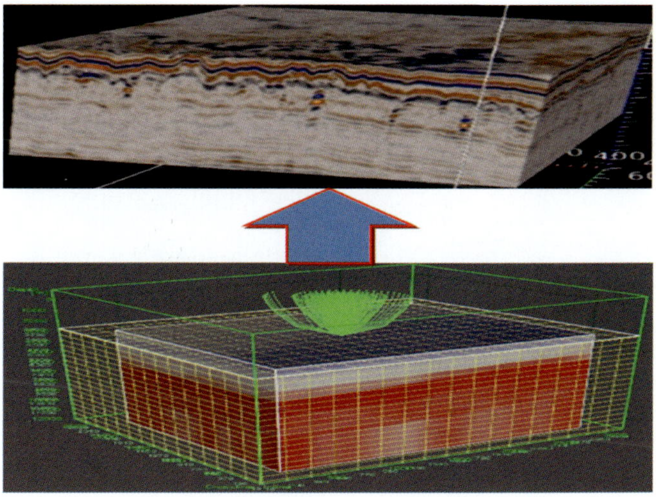

图4-1-2　高密度均匀全方位采样示意图

（1）小道距、小面元的优势。

“小”就是指小道距和小面元，主要是解决地表、地下的高采样密度问题，有利于去噪、静校正和叠加成像。

小道距采集可以得到完整的线性噪声波场，如图4－1－3所示，图4－1－3(a)为10m道距对应的炮集(左)和叠加剖面(右)，图4－1－3(b)为25m道距对应的炮集(左)和叠加剖面(右)。10m道距得到的线性噪声波场比25m道距采集的要好得多，因此，通过线性噪声去除可以有效地压制噪声，如图4－1－3中相应的叠加剖面。

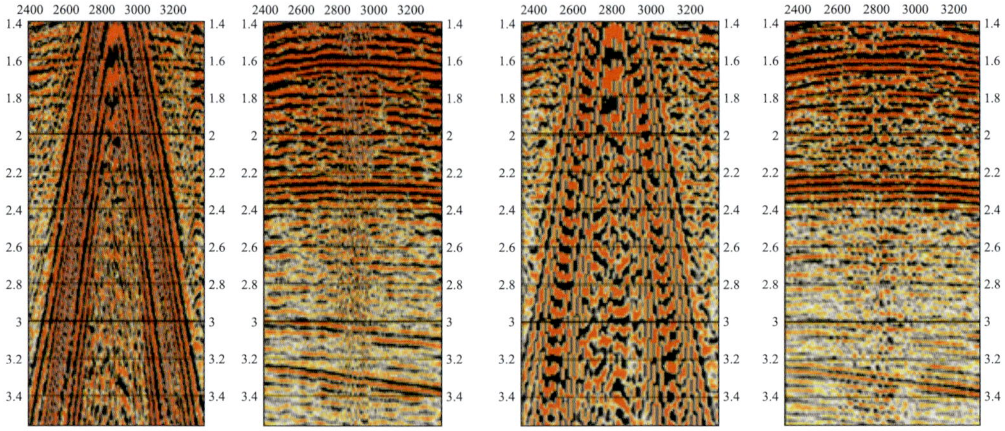

(a)10m道距　　(b)25m道距

图4－1－3　不同道距去噪效果对比图

小道距采集还可以得好初至波，有利于静校正。如图4－1－4(a)所示炮集记录中，20m小道距记录比40m道距的记录初至波明显清楚，由此进行初至波静校正，结果如图4－1－4(b)所示，20m小道距采集的静校正叠加剖面(右)优于40m道距静校剖面(左)。另外，小道距的初至波好，也有利于近地表层析速度建模，如图4－1－4(b)右上角所示。

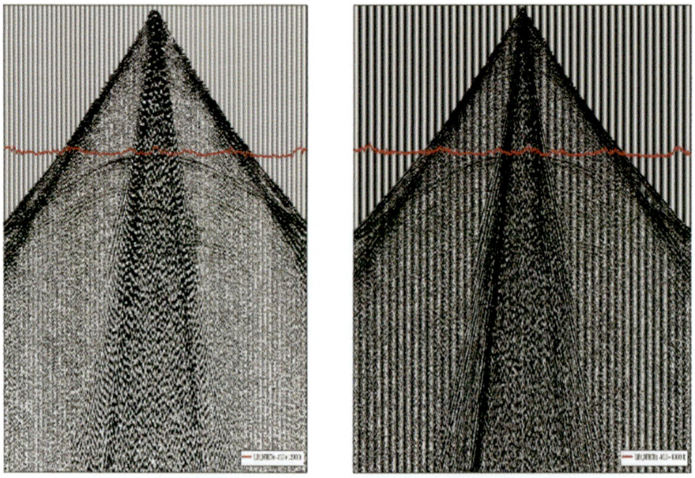
(a)40m道距(左)和20m道距(右)单炮

图4－1－4　不同道距静校正及表层速度建模对比图

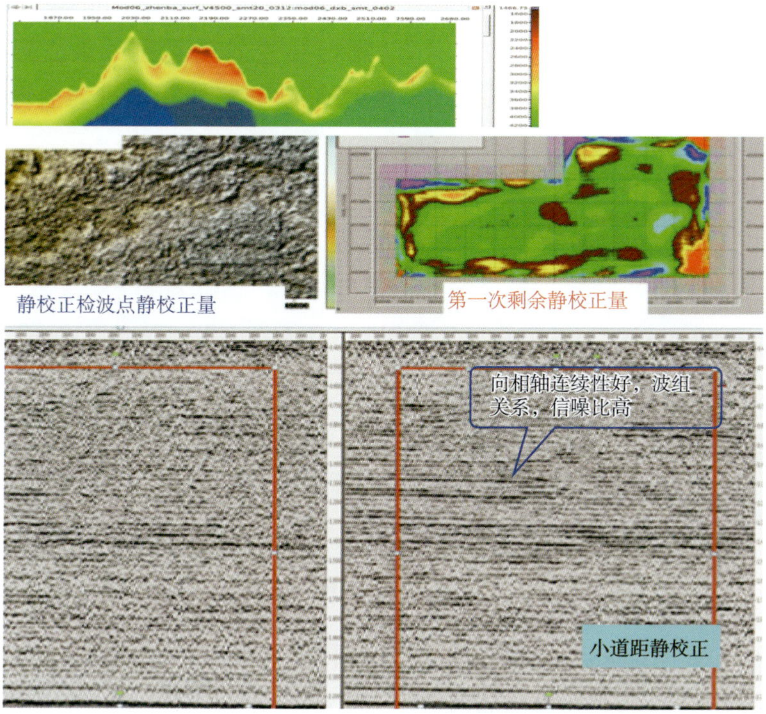

(b)40m道距和20m道距静校正及速度建模

图4－1－4　不同道距静校正及表层速度建模对比图(续)

小面元采集有利于提高地震剖面的分辨率、小地质体串珠成像精度及小断块成像精度。如图4－1－5（a），小面元(12.5m×12.5m)采集比大面元(25m×25m)采集的叠加剖面分辨率要高，相应的小串珠成像精度也高[见图4－1－5(b)]。

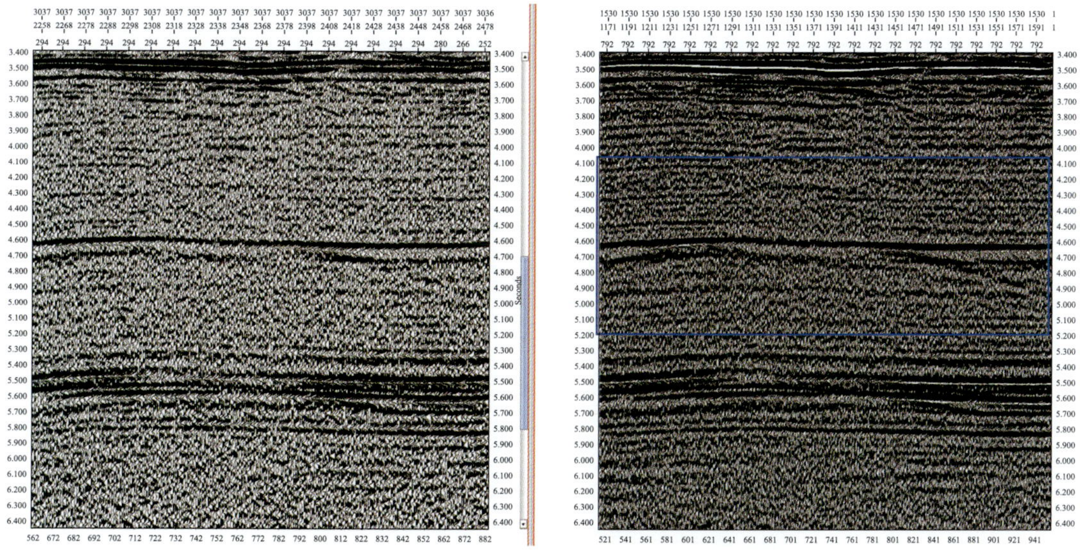

(a)大面元(25m×25m，左)与小面元(12.5m×12.5m，右)叠加剖面

图4－1－5　不同面元提高分辨率效果对比图

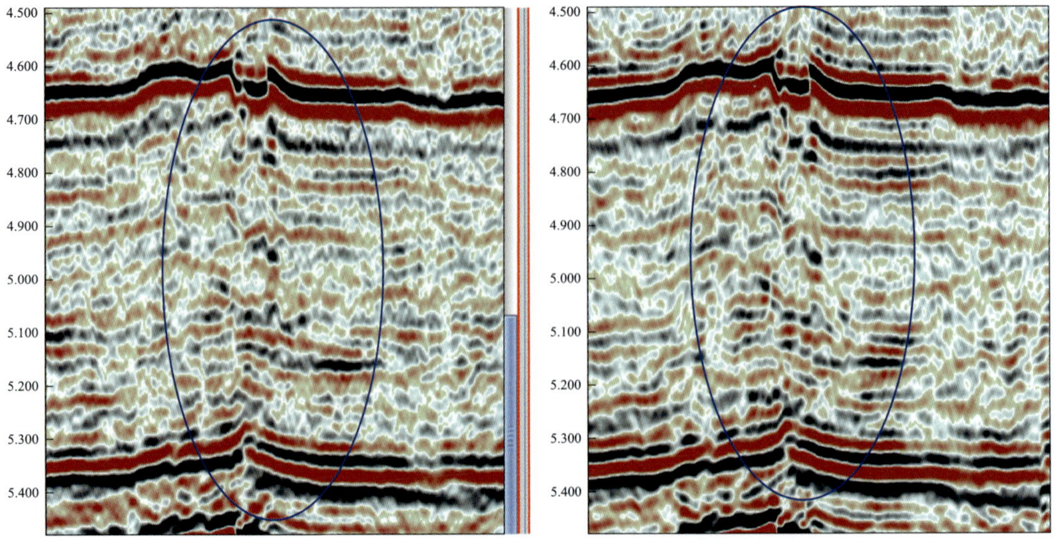

(b)大面元(25m×25m，左)与小面元(12.5m×12.5m，右)RTM深度偏移结果

图4－1－5　不同面元提高分辨率效果对比图(续)

图4－1－6(a)是东部某区块不同面元成像效果对比图，10m×10m小面元采集(下图)比25m×25m面元采集(上图)的小断块成像清楚，图4－1－6(b)是西部某区块不同面元成像效果对比图，15m×15m小面元采集(右图)比25m×25m面元采集(左图)的串珠成像清楚。

(a)大面元(25m×25m，上)与小面元(10m×10m，下)叠加剖面

图4－1－6　不同面元成像效果对比图

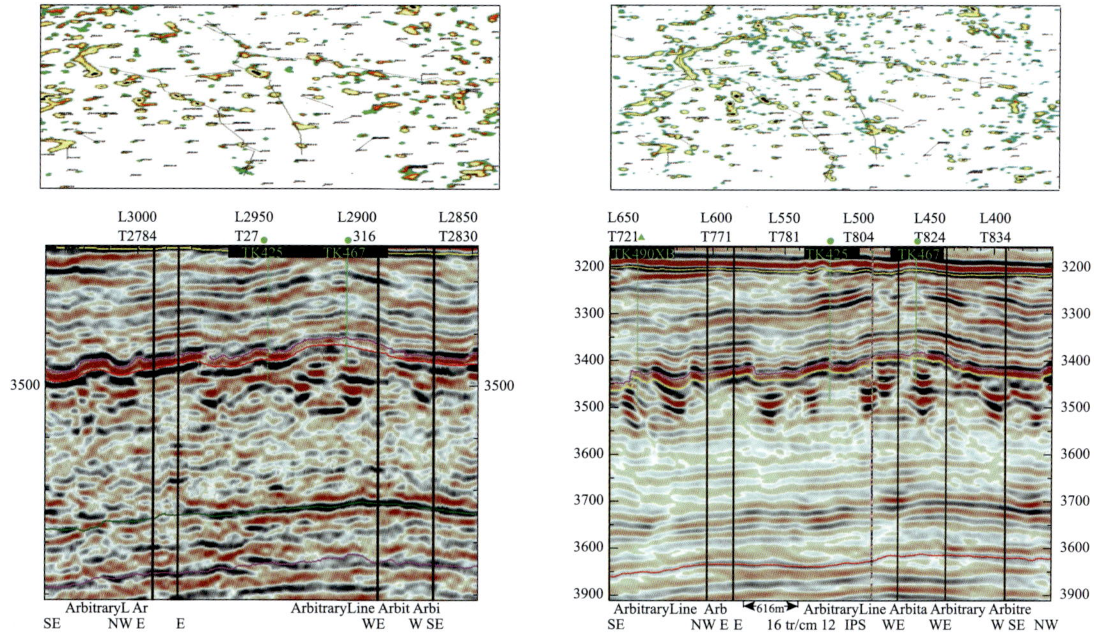

(b)大面元(25m×25m，左)与小面元(15m×15m，右)成像结果

图 4－1－6　不同面元成像效果对比图(续)

在东部地区进行了面元大小的系列实验，如图 4－1－7 所示，从 25m 到 5m，面元越小，断点越清楚、分辨率越高。

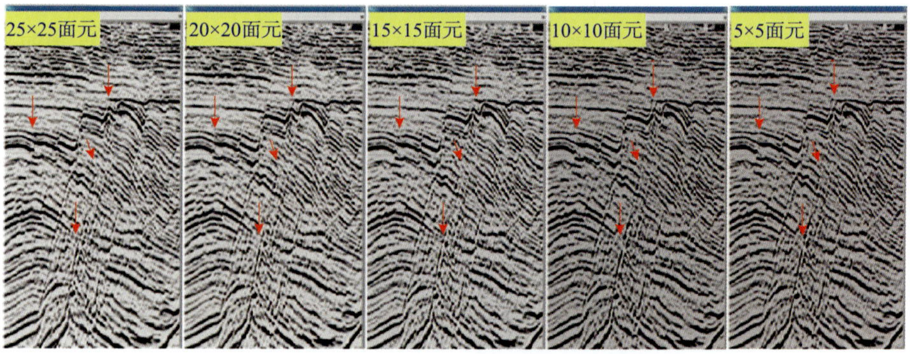

图 4－1－7　不同面元成像效果对比剖面

(2)宽方位采集的优势。

“宽”是指宽方位地震采集。宽方位采集就是尽可能地加大观测系统的纵横比，实现对地下地质体的尽可能的全方位观测，有利于得全信息，有利于高陡断裂、串珠成像，有利于各向异性裂缝性储层的预测。如图 4－1－8 所示，随着观测系统纵横比的提高(即方位的增宽)，地震剖面上高陡断裂的成像精度也逐步提高。

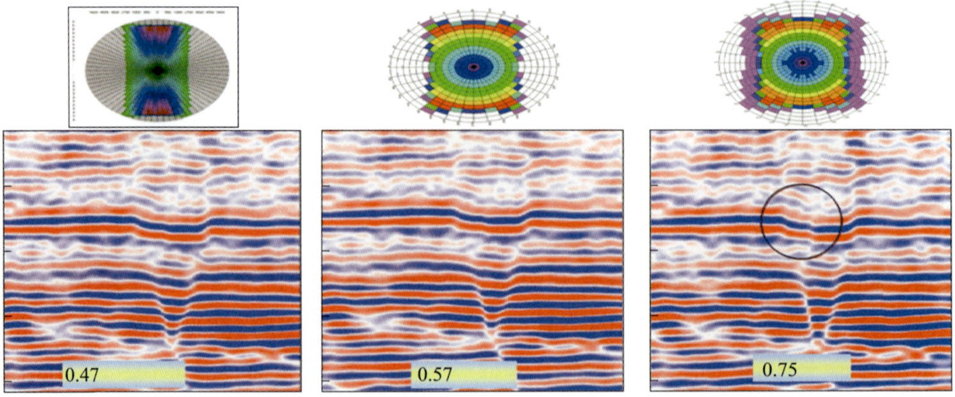

图 4 -1 -8　不同纵横比资料的成像效果

(3)高覆盖与高炮道密度的优势。

“高”就是指高覆盖与高炮道密度，利于提高信噪比、有利于成像。覆盖次数也不是越高越好，如图 4 -1 -9 是东部地区三维采集覆盖次数实验对比结果，从(a)图可以看出新采集高覆盖资料的信噪比明显优于老资料；抽稀试验分析覆盖次数与信噪比的关系如(b)图所示，当覆盖次数达到 200 次左右，信噪比的增加就不明显了。图 4 -1 -10 是东部某区三维不同覆盖次数成像效果的对比。

图 4 -1 -11 是西部地区三维采集覆盖次数实验对比结果，当覆盖次数达到 500 次左右，信噪比的增加就不明显了。

图 4 -1 -12 是西北某区三维不同覆盖次数成像效果的对比。因此，不同地表条件地区地震采集的覆盖次数要通过试验确定。

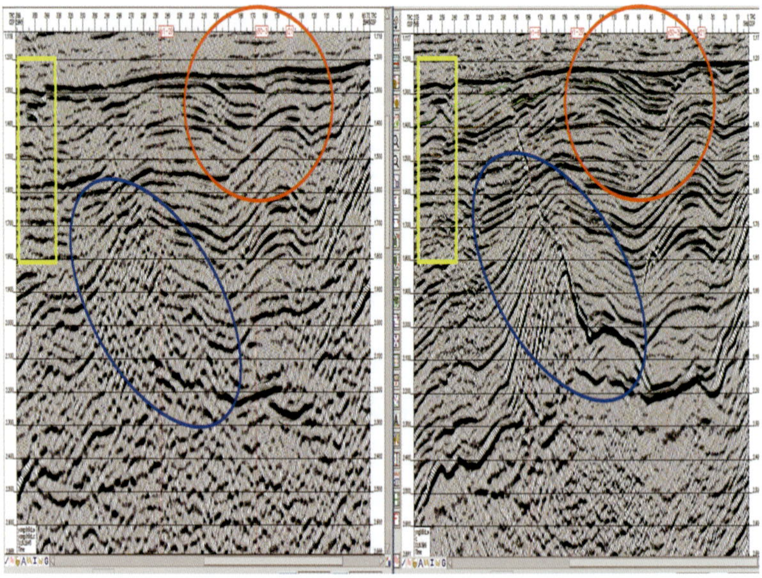

(a)老三维(96次覆盖，左)与高精度(600次覆盖，右)剖面图

图 4 -1 -9　东部某区三维覆盖次数试验(据胜利油田)

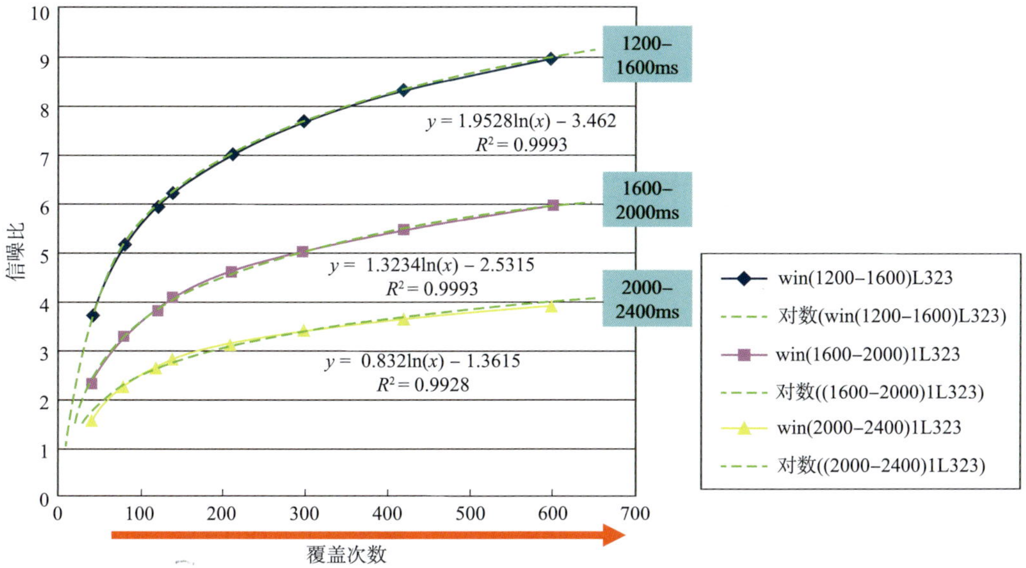

(b)不同目的层深度的信噪比曲线

图4-1-9 东部某区三维覆盖次数试验(据胜利油田)(续)

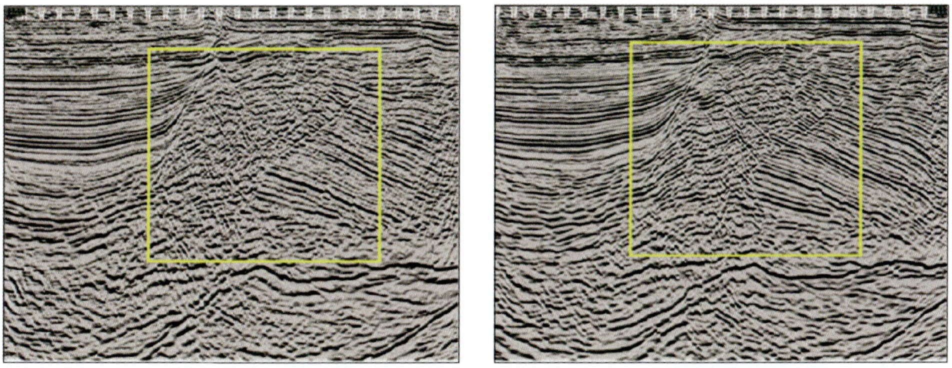

(a)64次覆盖偏移剖面　　(b)180次覆盖偏移剖面

图4-1-10 不同覆盖次数偏移效果对比图(据胜利油田)

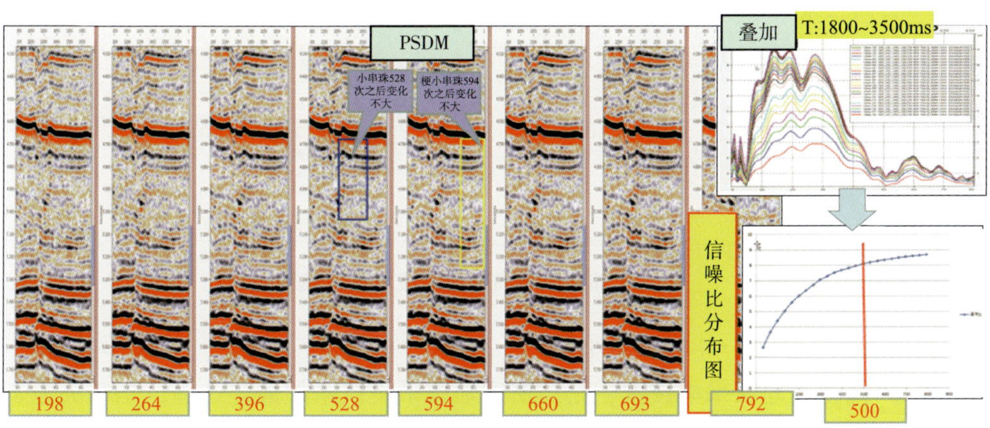

图4-1-11 西部地区覆盖次数与信噪比关系试验结果

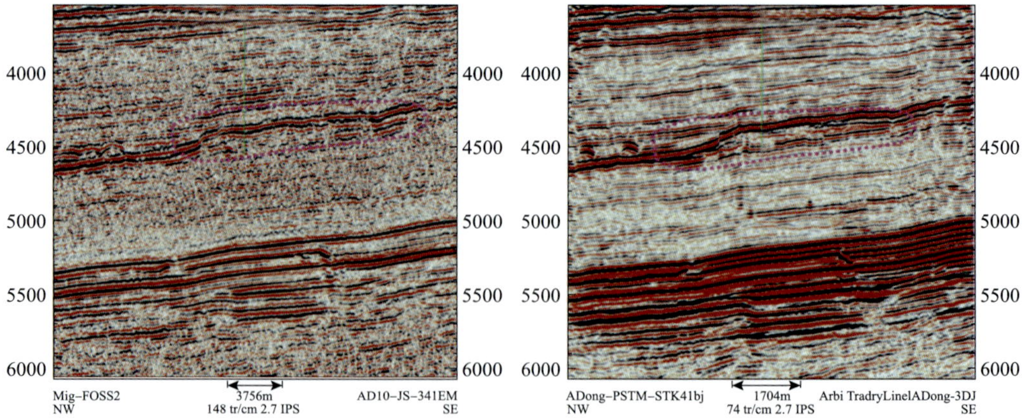

(a)老资料，覆盖次数<100　　(b)新资料，覆盖次数=640

图 4-1-12　西北某区三维资料高覆盖效果

高密度地震采集技术的最显著标志是高炮道密度，就是每平方公里内的激发炮数和接收道数密度。通常，常规在早前采集的老三维地震资料，一般炮道密度小于 20 万；随着地震仪器的发展和物探技术的进步，2005 年以后开始逐步提高炮道密度，直到 2016 年左右，采集高精度三维地震资料的炮道密度在 20 万～100 万之间；大约从 2017 年开始，为了提高复杂探区的地震资料质量，逐步实施高密度三维地震采集，炮道密度大于 100 万，东部某区三维采集高达 180 万(图 4-1-13)。高密度地震采集(右图)比原来高精度地震采集(90 万)资料(左图)的信噪比、断点都有明显的改善，且利用新资料解释，新增了 8 个层圈闭。

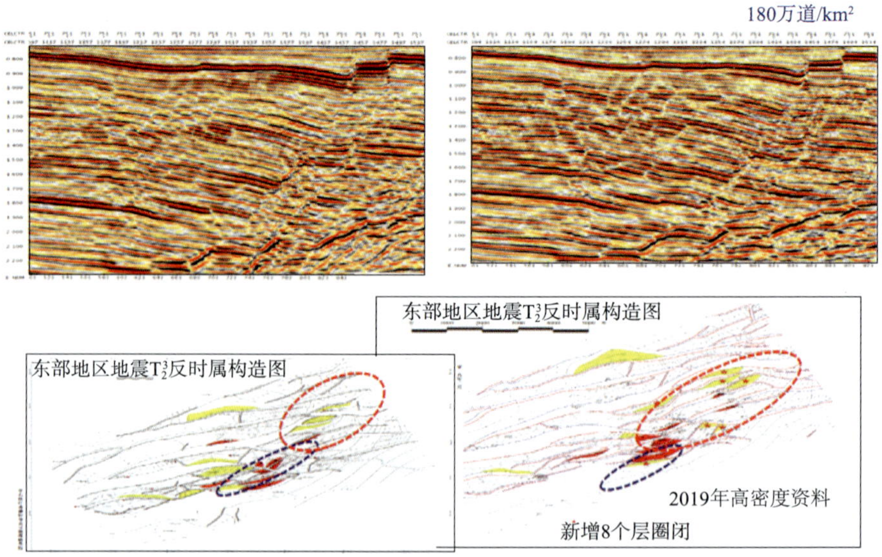

图 4-1-13　东部某区不同炮道密度地震采集效果对比

(4)高密度地震采集一体化技术小结。

“小宽高”高密度地震采集技术，是高密度地震采集技术的最佳选择，是解决地表地下复杂勘探目标的有效新技术。然而，“小宽高”所包含的小道距、小面元、宽方位、宽频带、高覆盖、高炮道密度等这些采集参数是有极限的，是要大幅增加地震采集施工成本的，也不能盲目地增加，要根据勘探潜力、成本效益及野外试验而定。

实际应用中，要根据勘探目标的复杂程度，抓住主要矛盾，选择合适的参数：对于地下潜力大而“地上地下双复杂”的目标，要舍得投入，大胆采用“小宽高”高密度地震采集技术；如果地下各向异性不突出、不做叠前裂缝预测，就没有必要太宽的方位；若对地震分辨率要求不高、地表不太复杂，道距就不需太小，若资料信噪比很高，就没必要高覆盖和高炮道密度。

一个最佳的采集方式，必须根据地质目标的复杂程度，围绕地震处理深度域 RTM 成像的需求，通过建模正演模拟试验分析，一体化的思路，设计实用的观测系统，同时还要考虑经济可实现性。

3）叠前深度偏移成像一体化技术对策

众所周知，为什么要做叠前深度偏移成像，是因为当地下构造复杂，地震速度横向变化剧烈，时间域偏移成像不能准确地成像地下地质体的正确位置，如图 4－1－14 所示。

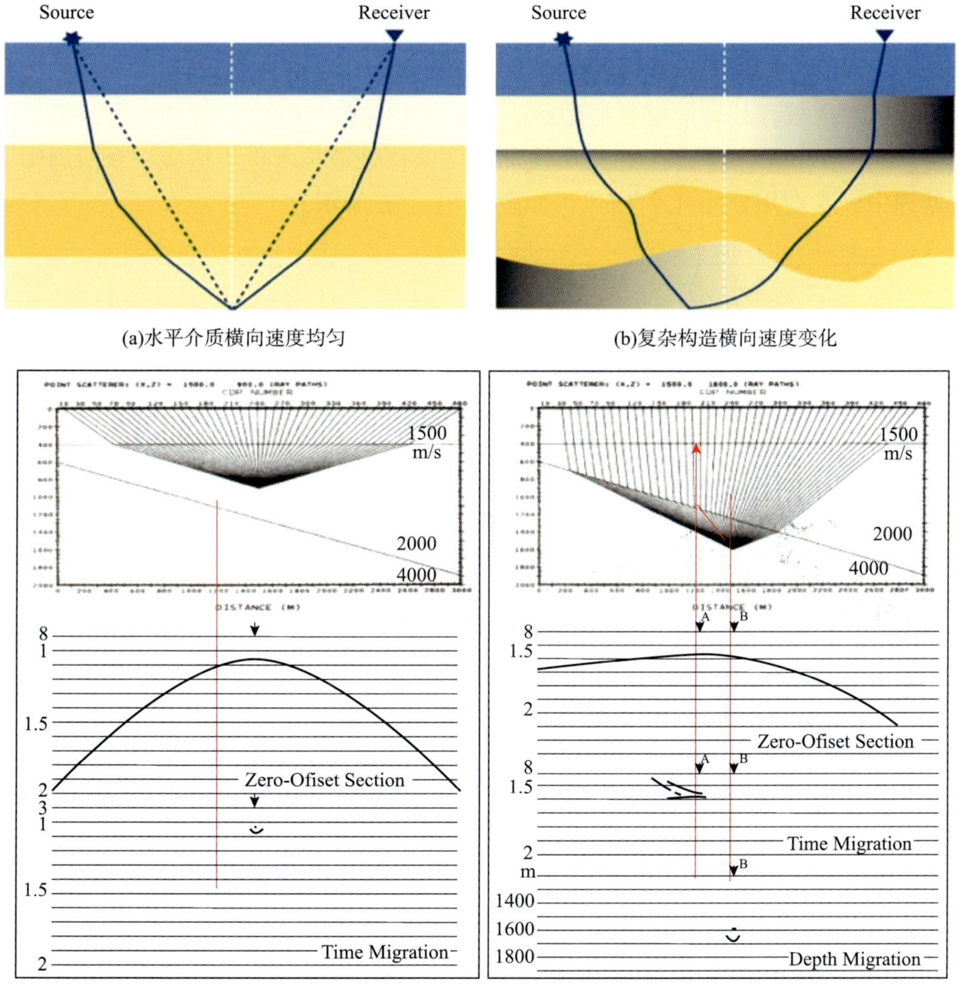

(a)水平介质横向速度均匀　　(b)复杂构造横向速度变化

(c)水平介质横向速度均匀模型时间域成像　　(d)复杂构造横向速度变化时间域成像

图 4－1－14　时间域成像不准确示意图

而叠前深度偏移成像处理可以适应地下复杂的速度变化，如图 4 -1 -15 所示，当地下有低速异常体存在时，叠前时间偏移不能得到低速体下方地层的正确成像(图左剖面)，而 RTM 叠前深度偏移处理就能很好地成像低速体下伏地层(图右剖面)。

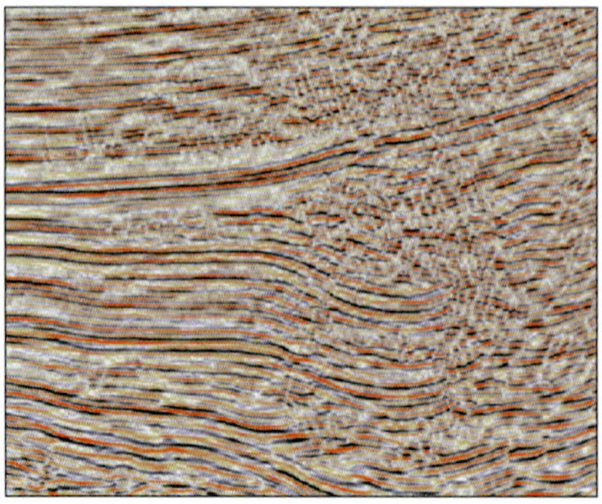
(a)PSTM剖面

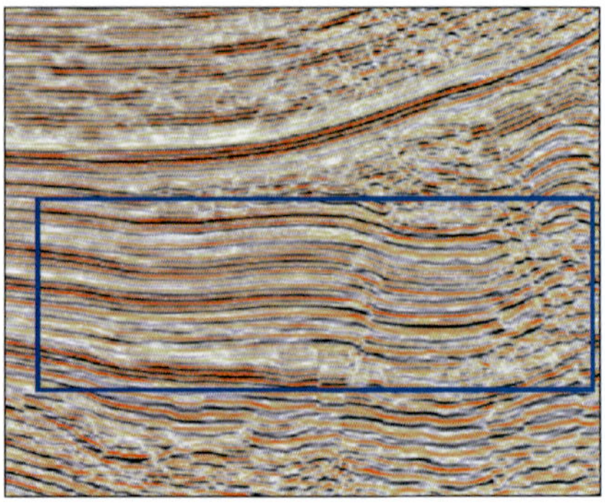
(b)RTM剖面

图 4 -1 -15　深度域成像效果对比

(1)“小平滑面”RTM 叠前深度偏移技术。

虽然叠前深度偏移处理能够很好地解决地下复杂构造(速度)的成像问题，但是，对于地表地下“双复杂”的勘探对象，常规的叠前深度偏移处理技术也不适应。众所周知，在地震资料处理中经常会用到的几个“面”，如图 4 -1 -16 所示。

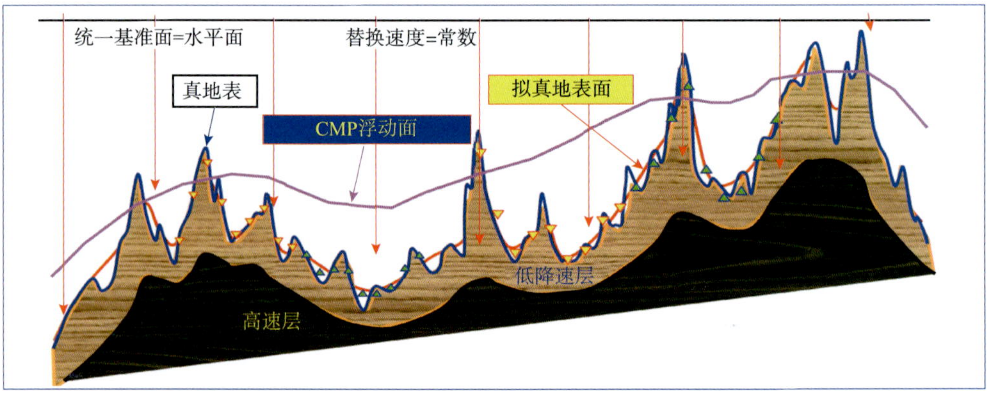

图 4 -1 -16　地震资料处理使用的各种面

在图 4 -1 -16 中，真地表、固定基准面、CMP 浮动面是大家熟知的常规时间域地震资料处理使用的“面”。为了满足时间域的动校正叠加的假设原理和方法，通常，我们是引入一个“恒定替换速度”把炮点和接收点近似地校正到 CMP 浮动面上，然后在 CMP 浮动面上进行速度分析及动校正叠加及叠前时间偏移处理，甚至后续的叠前深度偏移处理。在地表起伏不大和近地表速度变化不大的情况下是正确的。在复杂山前带地区，地表起伏大且近地表速度变化巨大时，由于“替换速度”的应用引起近地表速度误差，影响了 RTM 成像精度，理论上讲最好从真地表开始做 RTM 偏移处理，才能真正解决近地表速度的问题。但是，由于当前我们做层析的网格不能太小，所得到的近地表速度精度不够，那么从真地表做 RTM 处理依然存在较大的近地表速度误差。因此，只好找一个折中的近似办法，对真地表做与计算旅行时网格相当的平滑(一般 400 米左右)，人为建立一个新的“面”即“小平滑面”。就是说，小平滑地表面是真地表进行小平滑后的地表面，在此面上做速度分析及 RTM 叠前深度偏移处理，就称之为“小平滑面”RTM 叠前深度偏移处理技术。

小平滑的尺度，取决于 RTM 旅行时计算网格。“平滑”后的表面和近地表速度模型，在炮点、接收点旅行时的计算网格之间不应有“明显”的变化。如图 4－1－17 所示。

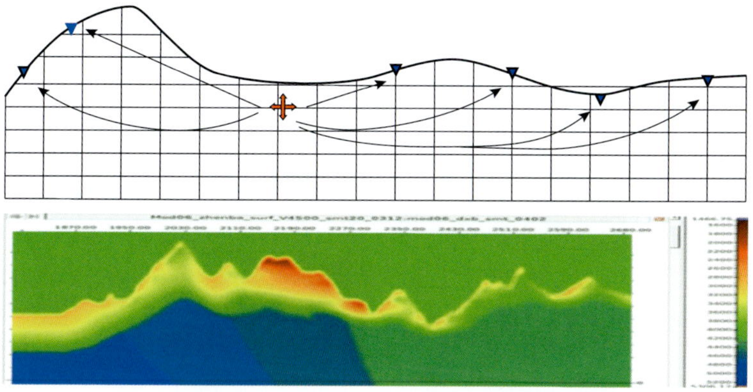

图 4－1－17　层析网格示意图

选定了小平滑面后，必须做好从起伏地表到平滑面的高频静校正。如图 4－1－18 所示，高频静校正很好的消除了高频抖动，保留了中长波长特征。

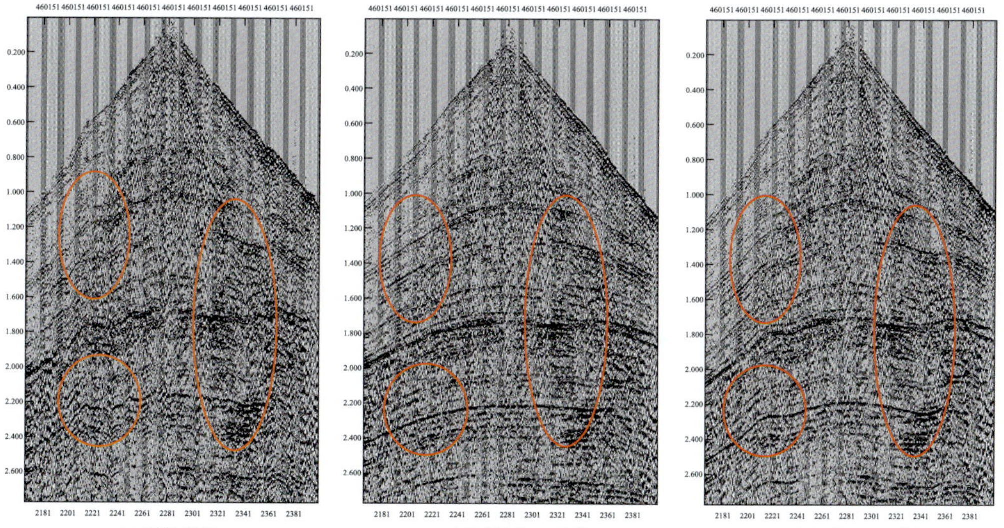

(a)原始道集　　(b)折射静校正道集　　(c)高频静校正道集

图 4－1－18　高频静校正效果道集对比图

(2)“小平滑面”RTM 成像的关键——速度建模。

选定了小平滑面，做好去噪、反褶积及静校正预处理，并去除基于浮动面的长波长静校正量，只保留从起伏地表到平滑面的高频静校正量，就形成了“小平滑面”RTM 成像的数据。后面如何获得从小平滑面起到深层的精确速度模型是关键，这项工作是地震采集、处理、解释一体化结合的一个重要过程。一是要充分利用好野外近地表调查资料(微测井、小折射等)约束，做好近地表层析反演，得到可靠的近地表速度模型；二是做好中深层的地质构造解释，特别是异常速度体的解释，形成中深层速度分析的构造约束层位数据；三是要做好中深层的初始速度模型建立，以及浅中深速度模型的融合和由浅到深的速度迭代，如图 4-1-19 所示的浅中深结合的速度建模思路。速度建模的原则是由浅到深、先全局后局部、最后各向异性，如图 4-1-20 所示速度建模流程。

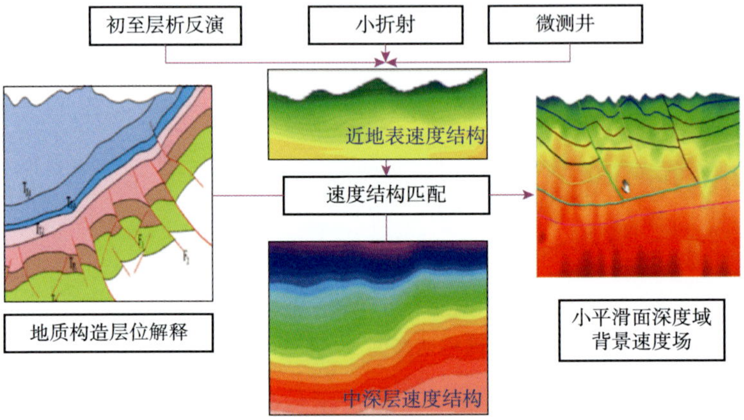

图 4-1-19　浅中深结合的速度建模流程

DWT层析近地表速度反演
↓
速度融合处理
↓
全局高斯束层析速度优化
↓
局部异常体雕刻
↓
井震误差分析
↓
各向异性层析建模
↓
各向异性叠前深度偏移

图 4-1-20　速度建模流程

精细的速度建模是一个递进的过程，目前，比较实用的办法是采用射线层析、高斯束层析、全波形反演的递进式建模流程，逐步提高速度建模精度。如图 4-1-21 所示，用射线层析解决低波数问题，用高斯束层析解决中波数问题，用全波形反演解决高波数问题。递进式的速度建模效果如图 4-1-22 所示。

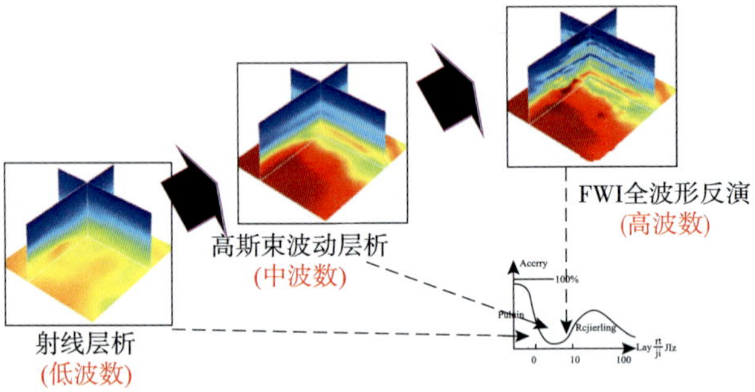

图 4-1-21　递进式—深度域速度建模方式示意图

(3)“小平滑面”RTM 成像处理效果。

由于采用了基于“小平滑面”的处理思路和速度建模流程，特别是应用了各向异性速度建模，得到了比较精确的速度模型，再应用 TTI-RTM 成像处理，就可以得到良好的成像效果。如图 4-1-23 所示，精确速度加 TTI-RTM 成像处理效果(右)明显优于传统的 RTM 成像效果。

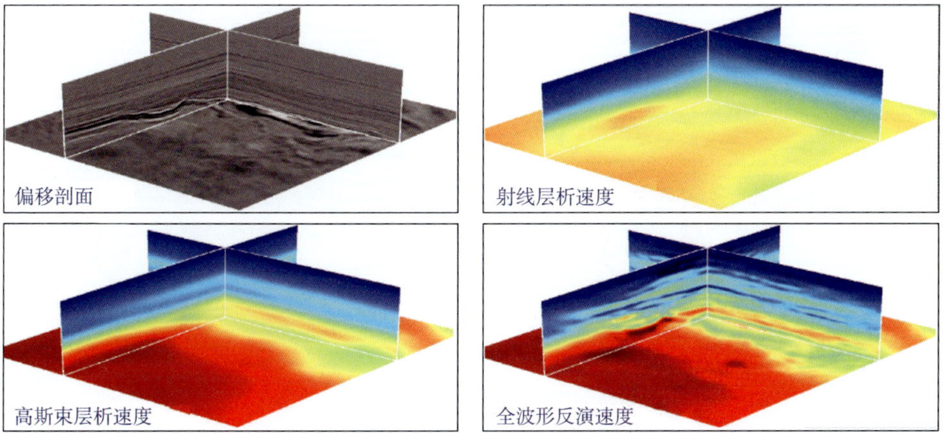

图 4－1－22　递进式深度域速度建模效果

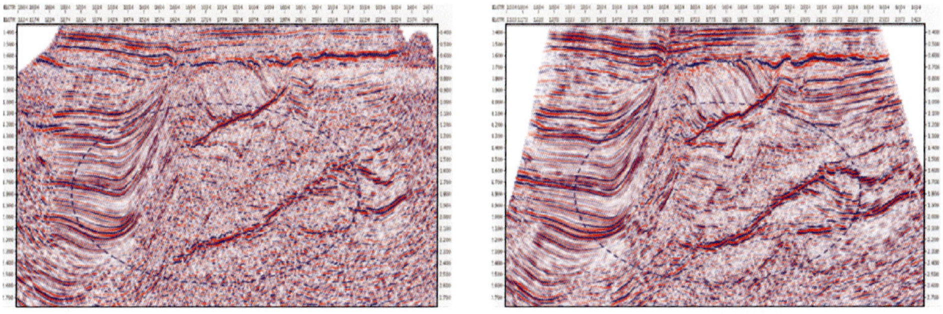

图 4－1－23　三维处理效果对比图

对于深部地层成像的深度及构造的位置都比原来准确，如图 4－1－24 所示。

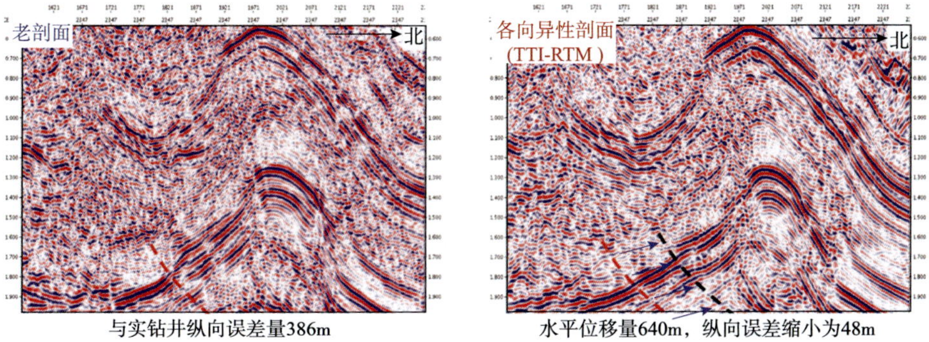

图 4－1－24　RTM 成像消除井震误差和构造漂移对比剖面

全波形反演(FWI)处理，是数据驱动高频速度模型优化的实用工具，对于陆地资料也有明显的效果，如图 4－1－25 展示了西部塔河地区 FWI 速度优化后的串珠成像效果(右)，明显优于老资料(左)。

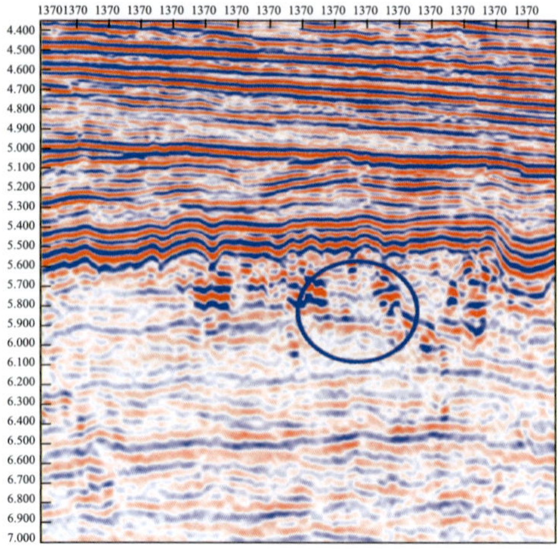

(a)速度优化前

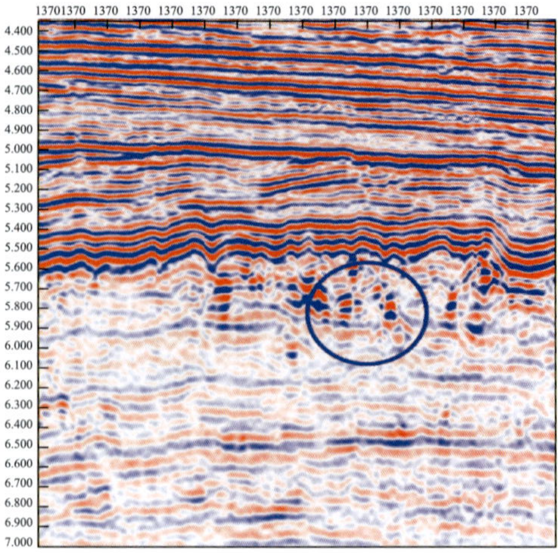

(b)速度优化后

图 4 -1 -25　西部工区 FWI 速度优化后 RTM 偏移效果

(4)叠前成像处理一体化技术小结。

叠前深度偏移处理是解决复杂构造成像的唯一途径，而“小平滑面”RTM 又是实现“双复杂”地质目标成像的唯一途径。

满足成像条件的地震采集数据是基础；处理流程很重要，要做好小平滑面的选取、高频静校正；速度建模是关键，要做好浅层和深层融合及各向异性优化；成像方法是核心，要选择先进、适合的 RTM 成像方法。精确的速度建模方法(FWI)加上精确的深度成像算法(RTM)，才是最佳的的叠前成像处理技术，才能得到精确的成像结果。

4)叠前地震反演一体化技术对策

叠前地震反演技术最经典的应用是“五维数据”各向异性叠前反演技术。所谓的“五维数据”，就是在常规三维地震数据基础上增加了偏移距和方位角信息(图 4 -1 -26 所示)，即：*XYZ* 加偏移距，再加方位角等于“五维数据”。“五维数据”带来了丰富的地震信息，特别是各向异性信息，为叠前各种反演应用奠定了重要基础。

“五维数据”的应用必须是地震采集、处理、解释一体化的系统工程。地震资料采集必须是宽方位观测系统，否则就构不成“五维数据”；地震资料处理也必须是宽方位处理，OVT 域宽方位成像或角度域 RTM 处理是关键；在宽方位采集处理的基础上，才有地震解释环节的各向异性分析与叠前反演，才能克服地震数据不满足叠前反演条件的陷阱。如：叠前方位各向异性裂缝反演、各向异性 AVO 分析、各向异性叠前弹性参数反演、叠前泊松阻抗反演等等。下面，举两个例子。一个是通用的叠前弹性参数反演技术流程如图 4 -1 -27所示，叠前反演结果如图 4 -1 -28 所示。在这个流程中，如果要做各向异性弹性参数反演，就需要分方位开展相关反演处理。另外一个例子是叠前方位各向异性裂缝反演技术的应用，其处理流程及效果如图 4 -1 -29 所示。这些都是典型的地震采集、处理、解释一体化应用案例，没有一体化的思路、一体化的设计、一体化的流程和一体化的结合，就不可能取得理想的应用效果。

“五维数据”蕴藏着丰富的油气地质信息，这些信息的挖掘离不开叠前各向异性反演技术。宽方位地震采集是“五维数据”的数据基础，岩石物理分析是叠前反演的物质基础，宽方位成像处理是叠前各向异性反演的关键，合适的叠前反演方法是“五维数据”一体化应用的核心，把每个步骤做到位就能避免叠前地震反演的陷阱。

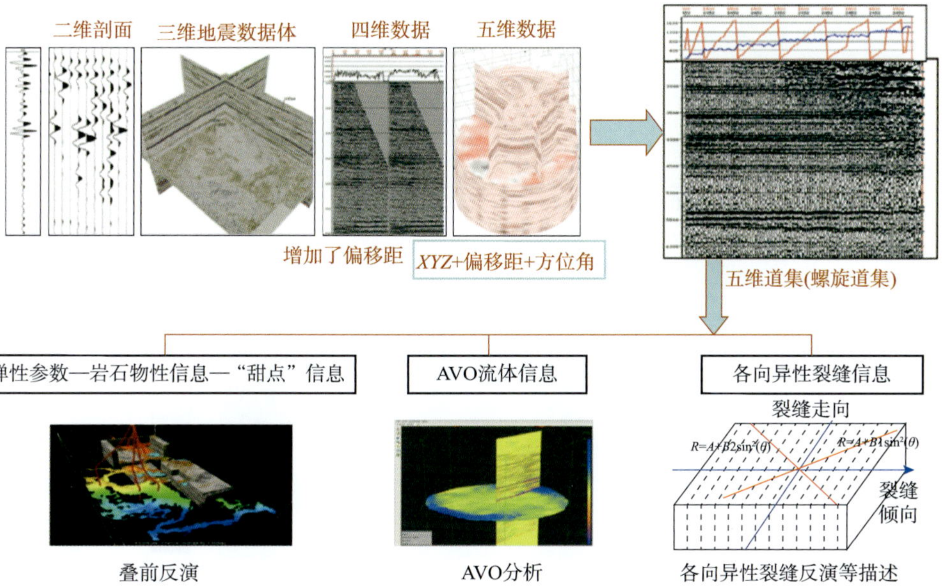

图 4－1－26　“五维数据”及其应用示意图(据印兴耀)

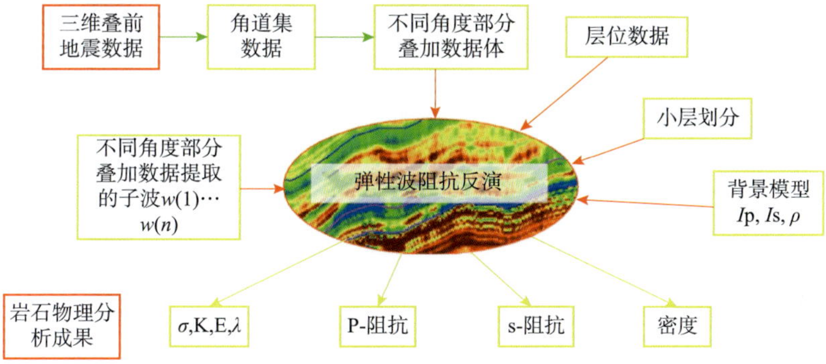

图 4－1－27　弹性参数、流体叠前反演一体化流程

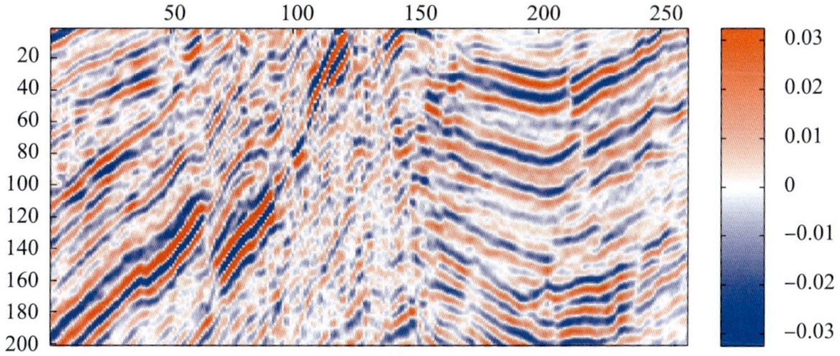

(a)地震剖面

图 4－1－28　深层资料叠前反演处理效果

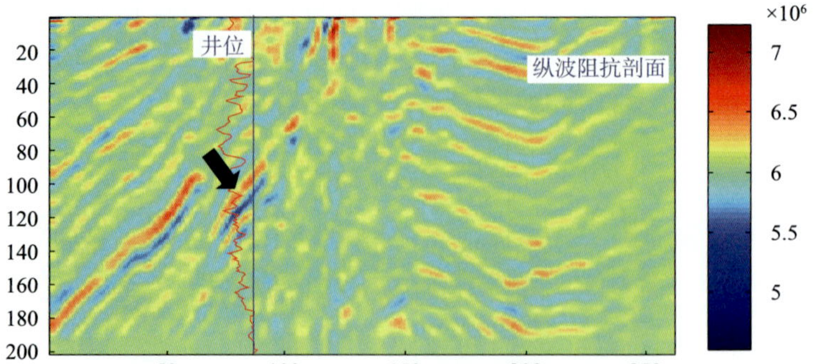

(b)纵波阻抗

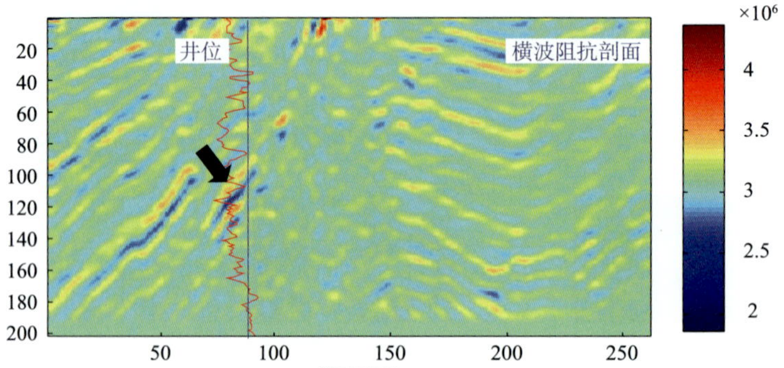

(c)横波阻抗

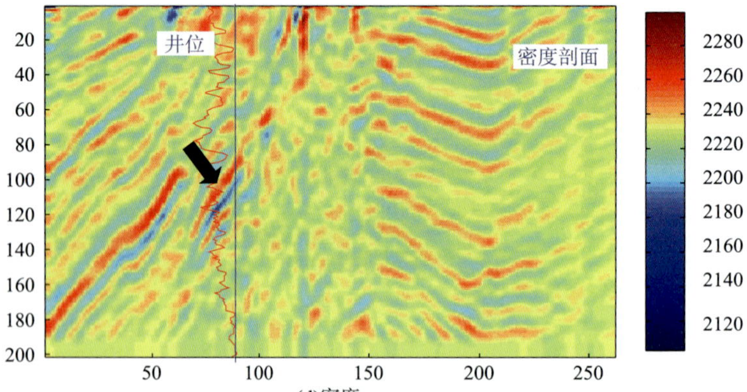

(d)密度

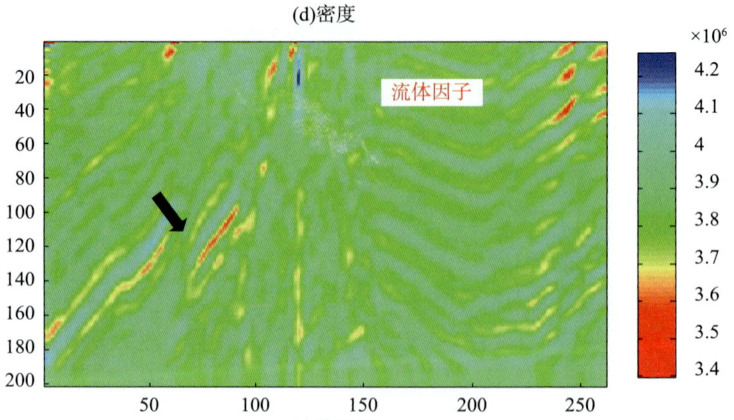

(e)流体因子

图 4－1－28　深层资料叠前反演处理效果(续)

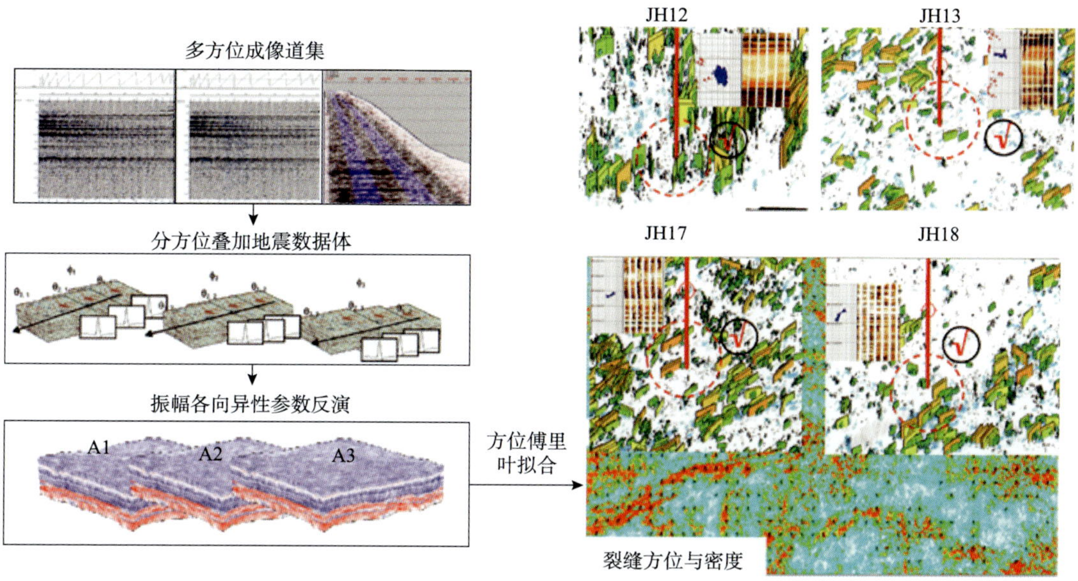

图4－1－29　致密油—叠前方位各向异性裂缝预测效果

4. 启示

地表与地下“双复杂”条件的地震勘探，是一个世界级的难题，依赖任何一个单项物探新技术都不能有效地解决问题，除了“地震一体化技术”应用，别无灵丹妙药。“小宽高”高密度地震采集技术、“小平滑面”RTM叠前深度偏移技术和“五维数据”各向异性叠前反演技术是“一体化系列技术”中最重要的关键技术。每一项物探技术的应用都是有条件和局限性的，必须根据地质模型开展正演模拟和岩石物理分析，通过模型试验、野外现场试验科学优选适合方法和参数，才能避免地震一体化新技术的应用陷阱，才能获得预期的应用效果。

案例2：面向页岩气甜点预测综合应用

1. 难点与挑战

我国四川盆地深层页岩气资源量丰富，是非常规资源勘探、开发的重要战略阵地。深层页岩气地质条件复杂，埋藏深度大（>3500m），具有高温、高压的典型地质特征。从地球物理甜点预测的角度来讲，主要包括两个问题：①高温、高压条件下，岩石脆性机理不明晰，常规脆性预测方法是否适用？②地应力、岩石力学性质发生变化，水平应力差增大，如何准确预测关键工程参数？随着埋深增大，地层温度升高、围压增大，页岩的非线性应变特征越来越明显，达到峰值压力或临界温度时，岩石呈现塑性变形特征，也间接影响页岩杨氏模量、泊松比、脆性指数等岩石力学参数，见图 4－2－1 和图 4－2－2。因此，基于常规弹性理论的页岩气关键参数地震预测方法未考虑埋深带来的影响，从而影响关键地球物理参数预测精度，不利于深层页岩气甜点预测的综合应用与评价。

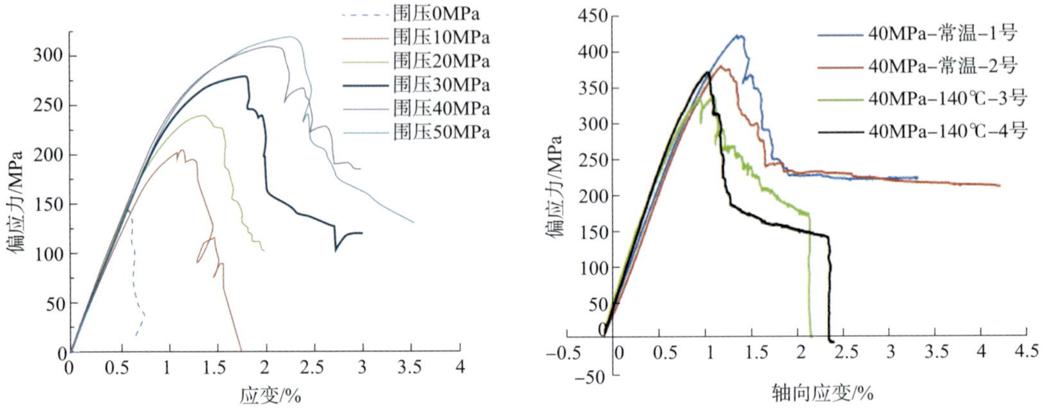

图 4－2－1　页岩应力随应变在不同围压、温度条件下的变化关系

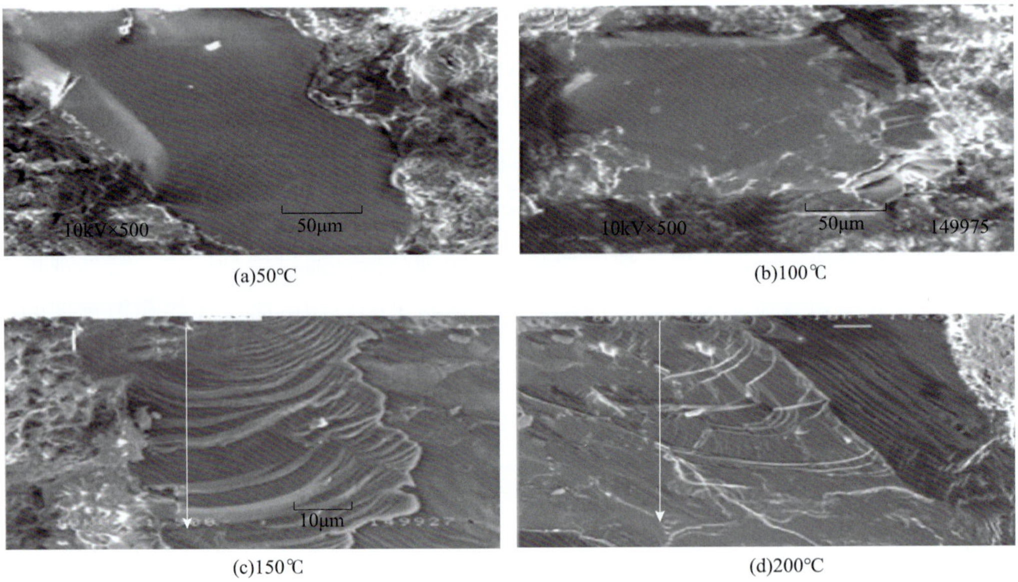

图 4－2－2　不同温度条件下的页岩岩石颗粒微观塑性变形特征

2. 研究思路

以地质—物探—工程一体化研究思路为指导，针对深层页岩气勘探开发所面临的地球物理难题，以理论与实验岩石物理为基础，通过以叠前地震反演为核心的深层页岩气地质—工程双甜点地震预测技术研究及应用实现页岩储层有机碳、孔隙度、地层压力、多尺

度裂缝、脆性、地应力及岩石力学等多项关键参数预测，有效提高双甜点地震预测精度，如图4－2－3所示。

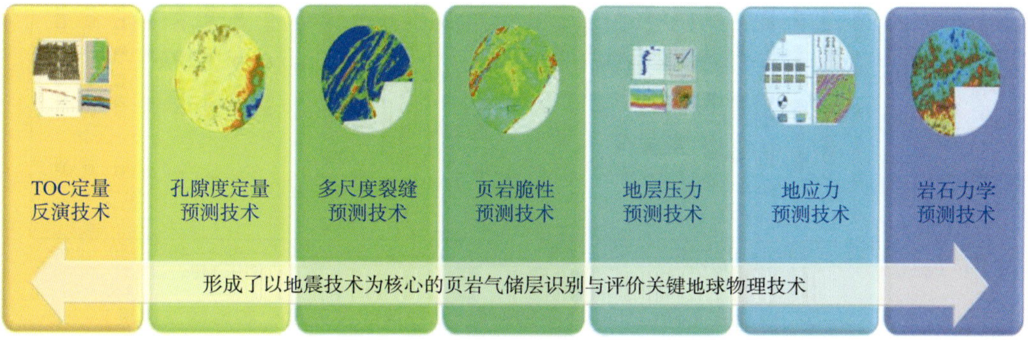

图4－2－3　深层页岩气甜点地震预测技术

3. 技术方案

1）深层页岩岩石物理实验与建模

以深层页岩岩芯样品为研究目标，通过岩石物理实验与建模，明确深层页岩弹塑性变化特征，建立弹性参数随深度变化的非线性关系，构建更加合理的深层页岩岩石物理数学模型，从而建立甜点关键参数与地震属性的桥梁。

（1）深层页岩岩石力学实验测量。

以四川盆地某组深层页岩岩芯为实验测量样品（见图4－2－4左），采用MTS815 Flex Test GT程控伺服岩石力学试验系统设备（见图4－2－4右），对取芯样品在不同压力条件下的弹性参数进行实验测量，具体分别对15块岩样，13个压力点进行测量，获得不同围压条件下的纵横波速度（见图4－2－5），由图4－2－5可得，随着围压增大（即深度增大），纵波速度和横波速度逐渐增大，且在40MPa以后变化幅度较小，趋于稳定。

进一步，根据脆性指示因子计算公式，构建了脆性指示因子随不同围压条件的校正模板（见表4－2－1），为脆性指数校正奠定实验基础。由表4－2－1可得，当围压从0MPa增加至20MPa脆性指数降低达8.5%左右，当围压从0MPa增加至60MPa，脆性指数降低达21.2%。

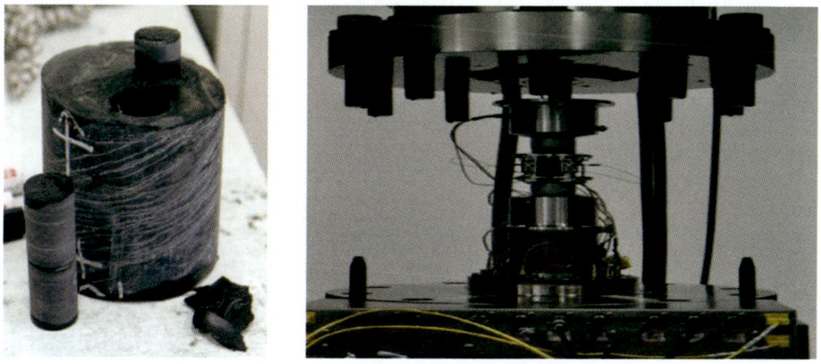

图4－2－4　岩芯及测试系统（左为深层页岩取芯标准样品，右为岩石力学实验系统）

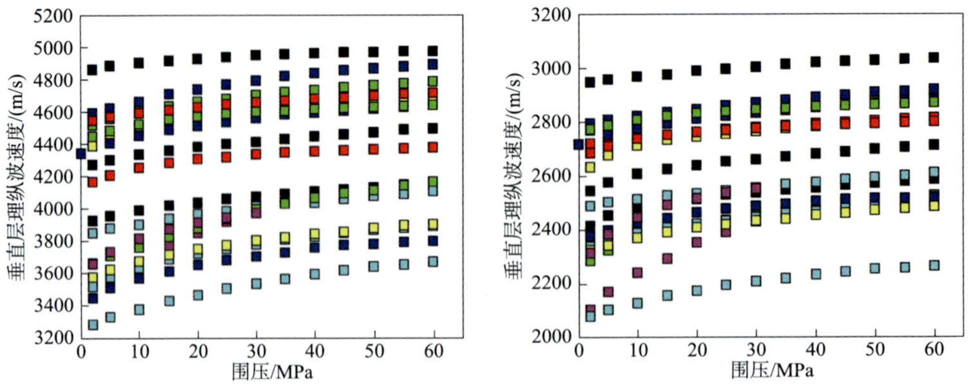

图 4-2-5　速度在不同围压条件下的测量值(左为纵波速度，右为横波速度)

表 4-2-1　脆性指示因子校正模板

围压/MPa	脆性指示因子		
	岩芯 1	岩芯 2	岩芯 3
0	4.78	3.71	3.45
20	4.39	3.43	3.14
40	3.87	2.68	2.98
60	3.73	2.49	2.92

(2)深层页岩岩石物理建模技术。

在常规页岩岩石物理建模的基础上，考虑有效应力影响，构建针对深层页岩储层地质特征的岩石物理模型(图 4-2-6)，进而提高了岩石物理建模与弹性参数预测精度。主要步骤为：①考虑干酪根生烃增压机理构建地层压力预测模型，并结合上覆压力，计算获得有效应力；②构建考虑有效应力影响的页岩岩石物理骨架模型；③添加正交裂缝、孔隙流体等，以构建饱含流体的深层页岩岩石物理的模型。

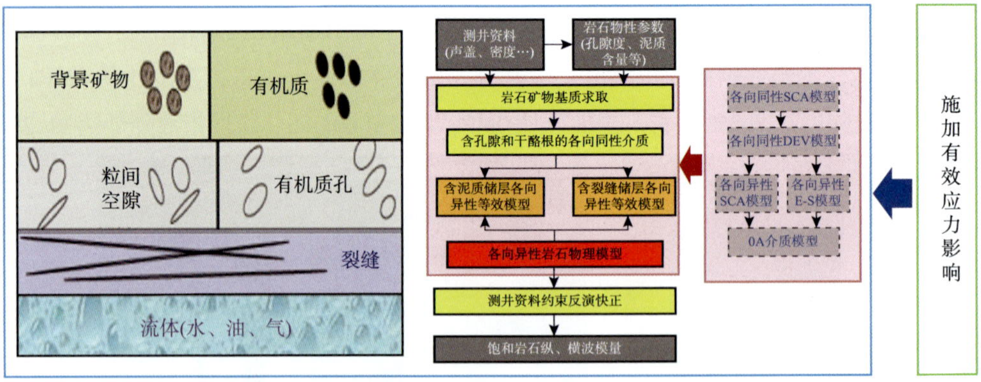

图 4-2-6　深层页岩储层岩石物理模型构建示意图

以四川盆地某井为例，通过新方法的测试及应用，验证了该方法的正确性与有效性，有效提高弹性参数预测精度，以纵波速度为例，预测精度由 89% 提高至 92%，见图 4-2-7。

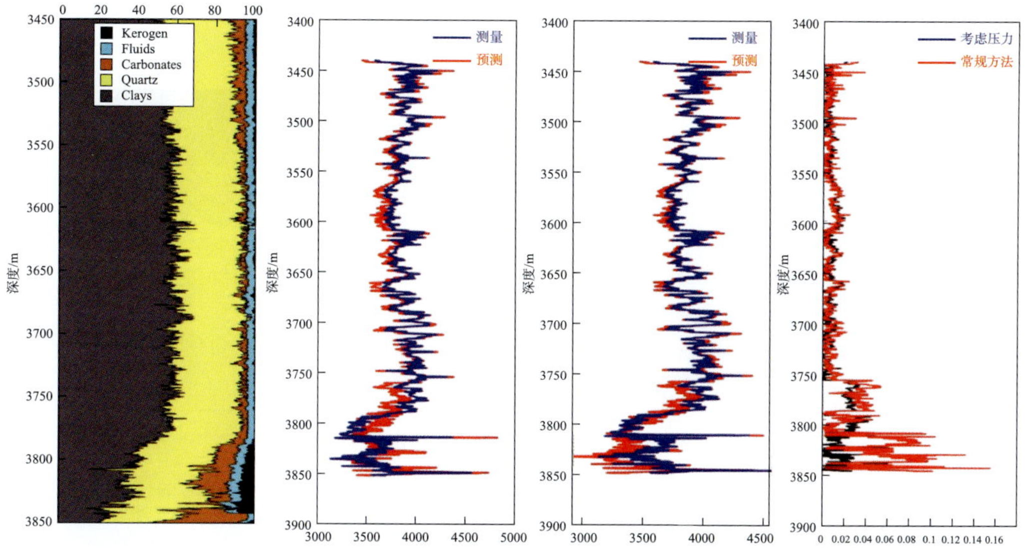

(a)矿物组分　(b)实测与预测纵波速度对比图　(c)实测与预测横波速度对比图　(d)新方法与本方法预测纵波速度误差对比图

图 4-2-7　四川盆地某井岩石物理建模结果

2)深层页岩气地质甜点预测技术

深层页岩气地质甜点包括：总有机碳(Total Organic Carbon，TOC)、孔隙度、裂缝、储层厚度、构造形态等。针对深层页岩气地质甜点评价核心问题，以页岩岩石物理模型为驱动，叠前地震反演为核心，通过页岩气 TOC、孔隙度联合定量预测技术、地层压力预测技术及多尺度裂缝预测技术等，实现地质甜点准确预测与有效评价，指导深层页岩气井位部署。

(1)深层页岩有机碳及孔隙度联合定量反演技术。

深层页岩储层的 TOC 含量与孔隙度参数是地质甜点的关键参数之一。以深层页岩岩石物理模型为驱动，叠前多参数反演结果为输入，基于贝叶斯后验概率分类算法实现页岩 TOC 含量、孔隙度等参数的联合反演，与常规方法相比，该方法反演结果物理意义明确，与井吻合度高且横向外推可信度高，为深层页岩地质评价奠定基础。

(2)深层页岩地层压力预测技术。

深层页岩储层地层压力与产气量呈正相关关系，因此，高精度的压力预测十分有意义。以分岩性构建正常压实曲线为基础，以考虑干酪根生烃异常高压成因机制的一种改进泥页岩岩石物理(Clay-Plus-Silt，CPS)模型为驱动，首先计算岩石在正常压实条件下的速度，其假设条件是岩石孔隙都与所含的黏土含量有关，岩石中所含的孔隙流体与黏土颗粒共同组成“湿黏土”混合物。“湿黏土”的弹性张量由“湿黏土”的孔隙度值来确定，而整个泥页岩的弹性张量则是由“湿黏土”的孔隙度和(粉)砂质混合物中各组分的体积百分含量来共同确定。结合以上认识，本技术在以上改进的岩石物理模型中，将两相结构进一步细化为“湿黏土”—砂质混合物—有机质三相的结构。经过优化之后，建立的模型与实际泥页岩的基本物质构成更加接近。再利用三维地震数据实现地层压力空间预测，进一步针对四川盆地深层页岩气研究区复杂构造特征，结合研究区挤压构造应力，建立挤压构造下的地层压力预测模型，实现深层页岩气地层压力准确预测，地层压力预测精度大于85%，有效降低钻井风险。

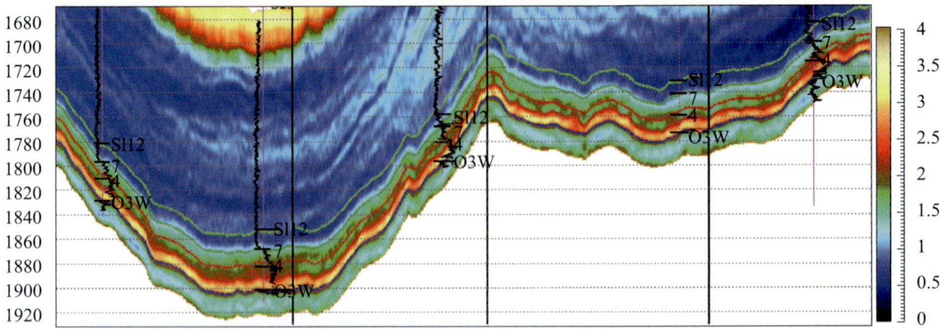

图4-2-8　页岩储层TOC含量定量预测剖面

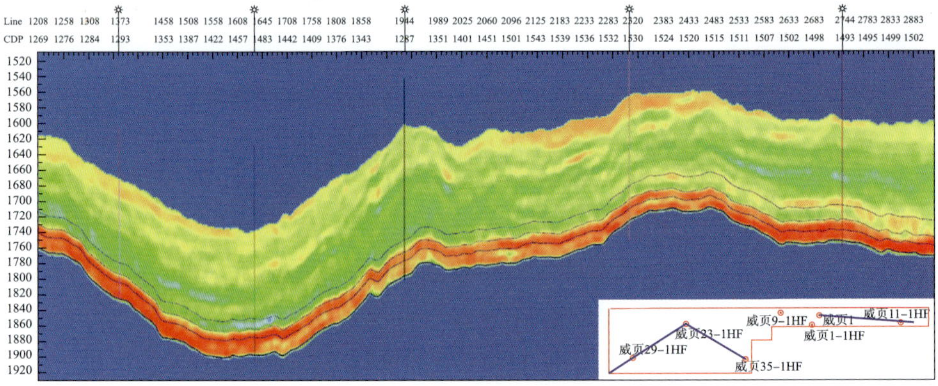

图4-2-9　页岩储层地层压力预测剖面

(3)深层页岩多尺度裂缝预测技术。

天然裂缝的存在增加页岩气储集空间，提高页岩的渗透能力，增加了游离态天然气的赋存体积，因此，多尺度天然裂缝的准确预测对深层页岩气高效勘探开发十分重要。通过高精度的叠后曲率、蚂蚁体等大、中尺度裂缝属性，正交介质叠前振幅随方位角变化(Amplitude Variation with Azimuth，AVAZ)反演获得的小尺度正交裂缝定量表征参数，以实现多尺度天然裂缝准确预测(图4-2-10)，同时结合微地震监测数据，实现天然裂缝与人工裂缝的综合解释与评价，有力指导井位部署及压裂方案设计。

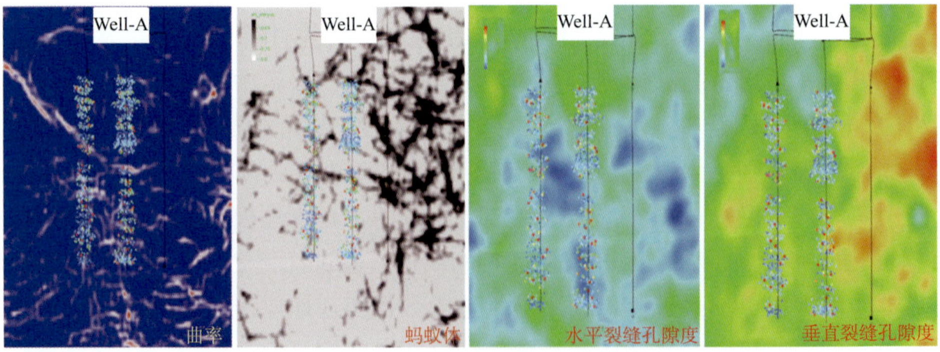

图4-2-10　深层页岩多尺度裂缝预测和微地震监测结果叠合显示图

3)深层页岩气工程甜点预测技术

深层页岩气工程甜点的主要指标包括脆性、地应力、岩石力学等参数。针对工程甜点评价核心问题，通过三维地震资料实现页岩储层工程甜点的综合预测及评价，以优化井位部署、水平井轨迹设计。

(1)深层页岩脆性指数预测技术。

深层页岩的脆性直接影响进行水力压裂的可能性和水力压裂实施的效果，因此，准确预测页岩储层的脆性十分重要。考虑深层高压地质条件，以实验与数学岩石物理为基础，通过开展考虑有效应力影响的深层页岩脆性指数预测技术研究及应用，以实现深层储层脆性指数准确、合理预测。主要步骤为：①基于实验岩石物理测量构建脆性指数校正关系(公式4.2.1)；②考虑干酪根生烃增压原理构建地层压力预测模型，基于三维地震数据体获得地层压力与有效应力数据体；③基于高精度叠前地震反演技术获得纵波速度、横波速度及密度数据体；④考虑有效应力影响，计算获得深层页岩脆性指数预测数据体。

$$Brit\mathrm{n}(P_e)=\frac{Brit(0)\cdot(0.4-0.1959\cdot \mathrm{e}^{P_e})}{\sigma} \tag{4.2.1}$$

式中，$Brit\mathrm{n}(P_e)$为随有效应力变化的脆性指数，$Brit(0)$为无有效应力校正下的脆性指数，$\mathrm{P_e}$为有效围压，σ 为无围压影响条件下的泊松比。

通过四川盆地深层页岩气某工区的方法测试表明，考虑有效应力影响的脆性指数地震预测结果更加符合宏观地质认识(图4-2-11)。

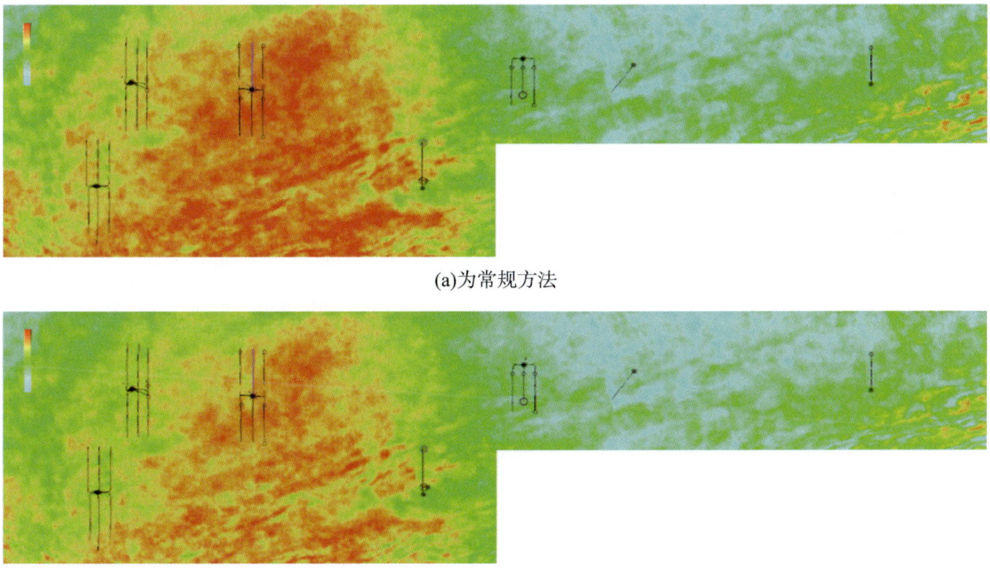

(a)为常规方法

(b)为新方法

图4-2-11 四川盆地某工区深层页岩脆性指数预测对比图

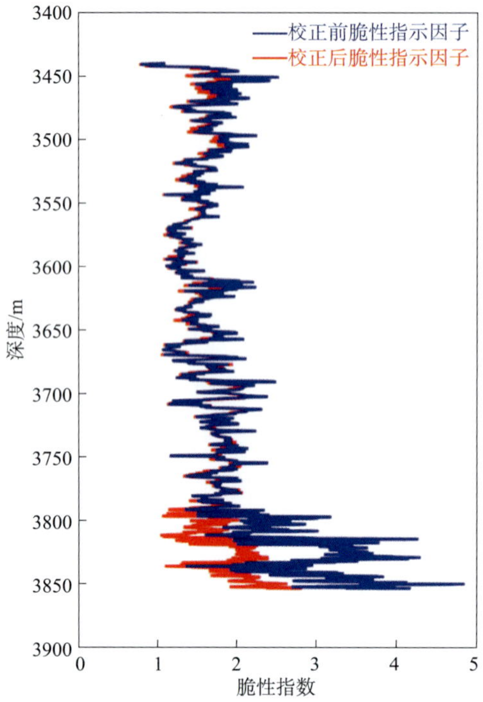

图 4-2-12　四川盆地某工区单井脆性指数计算对比图

通过深层页岩气某单井测试表明，考虑有效应力影响的脆性指数预测结果更加符合实际情况(图 4-2-12)，在 3800 米以深目的层处，校正后的脆性指示因子明显比校正前的脆性指数要低，因此作为工程甜点的重要评价指标之一，脆性指数需进一步考虑有效应力的影响(即深度)，以使脆性指数计算结果更加准确，评价更加合理。

通过单井目的层脆性指数校正结果与岩芯测量校正结果对比可得，两者相吻合(表 4-2-2)，充分验证了新方法的有效性与正确性，同时进一步优化脆性指数评价指标。

表 4-2-2　单井目的层与岩芯实验测量脆性指数校正对比表

脆性指数	威远 23 井(围压 23MPa)	岩芯测量(围压 20MPa)
校正前	3.95	4.78
校正后	3.56	4.39
降低/%	9.7	8.5

(2)深层页岩地应力定量预测技术。

地应力的分布、发育方向和强度是深层页岩气开发必须要考虑的因素，其直接影响页岩气的产量。通过方位地震资料可实现现今地应力场的三维空间预测。首先以 Schoenberg 线性滑动理论模型为基础，根据深层页岩储层特征，利用广义胡克定律，基于应力应变本构方程构建地应力与弹性参数、各向异性参数之间的理论数学预测模型。推导弹性参数与各向异性参数直接表征的方位叠前反射系数近似方程，通过方位叠前 AVAZ 反演方法预测弹性参数与各向异性参数，结合前述构建的地应力预测模型，实现地应力预测。最后针对深层页岩复杂构造区的强变形环境，通过引入地层孔隙压力及构造应力校正项，实现页岩储层地应力的准确预测。该技术在四川盆地威远、永川等深层页岩气藏综合评价中发挥了重要作用，有效指导了水平井轨迹设计以及压裂方案设计。

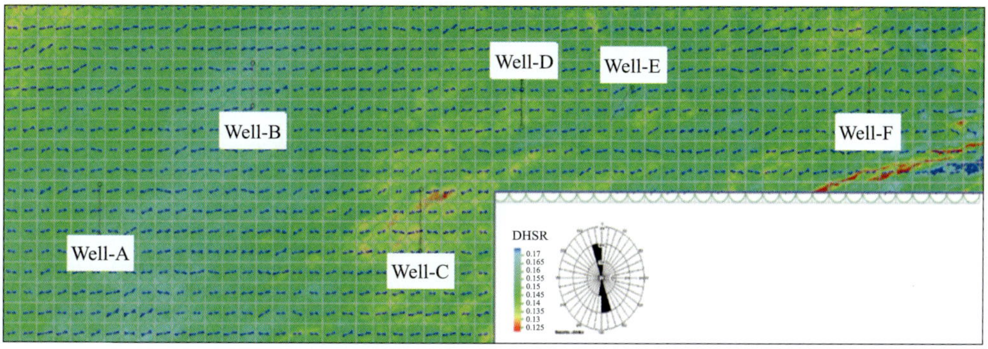

图4-2-13　深层页岩储层地应力大小及方向定量预测平面图

(3)深层页岩储层岩石力学参数预测技术。

岩石力学参数是评价深层页岩气高效、安全开发的关键参数之一，因此岩石力学参数准确预测具有十分重要的意义。基于深层页岩岩石物理实验与建模，构建合理、准确的破裂压力与坍塌压力理论数学模型。以方位地震道集为输入，以方位各向异性弹性模量直接反演为技术手段，获得页岩储层弹性参数及各向异性参数。结合地层压力与地应力地震预测结果，以岩石力学理论模型为驱动，通过井震结合实现高精度的页岩储层岩石力学参数空间预测。应用页岩储层破裂压力、坍塌压力地震预测结果，有效指导深层页岩气高效、安全钻井。

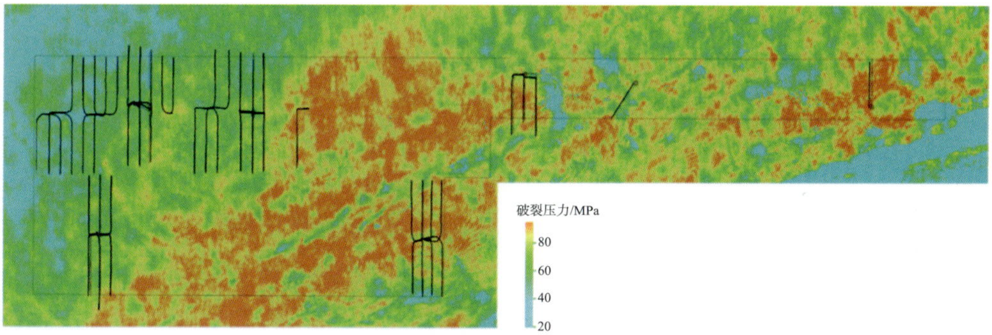

图4-2-14　深层页岩破裂压力预测平面图

4)深层页岩气甜点预测综合应用与评价技术

深层页岩气甜点综合应用与评价，以地质分析为指导，以页岩气富集成藏条件为依据，以岩石物理分析为基础，通过储层厚度、TOC、孔隙度、含气量、构造背景、多尺度裂缝、地层压力、脆性、地应力、岩石力学等参数，开展深层页岩气甜点地震预测综合应用与评价。对照中石化海相页岩气目标优选评价标准，对比分析页岩气富集成藏控制地质参数预测结果，结合实际工区页岩气地球物理预测条件，提出有利的深层页岩气选区地震综合评价标准，依据标准评价出有利的深层页岩气地质甜点和工程甜点。

在页岩品质评价方面，主要考虑页岩的厚度条件、TOC条件、孔隙度条件、含气量条件等，权值系数如表4－2－3，如图4－2－15是根据各项参数条件而建立的页岩品质综合评价图，图中红黄色区域表示相对有利的页岩分布区，蓝绿色区域表示相对不利的页岩分布区。

表4－2－3　深层页岩气选区地震综合评价标准

参数类型（权值）	参数名称	权值	分值			
			1.0－0.75	0.75－0.5	0.5－0.25	0.25－0
地质参数（0.3）	页岩厚度/m	0.2	>80	60－80	40－60	20－40
	总有机碳含量/%	0.2	>3.5	2.0－3.5	1.0－2.0	<1.0
	孔隙度/%	0.3	>6	4－6	2－4	<2
	含气量	0.3	>4	2－4	1－2	<1
保存条件（0.3）	构造背景	0.3	背斜、断背斜	斜坡、断块	向斜	其他
	地质倾角	0.3	<5°	5°－10°	10°－20°	>20°
	断裂发育程度	0.4	断裂及大尺度裂缝不发育	断裂较少，大尺度裂缝不发育	断裂及大尺度裂缝较发育	断裂及大尺度裂缝发育
工程改造条件（0.4）	埋深/m	0.4	2000－3500	3500－4000	4000－5000	<2000
	孔隙压力系数	0.2	>1.3	1.2－1.3	1.0－1.2	<1.0
	微裂缝发育程度	0.2	发育	较发育	发育一般	不发育
	脆性/%	0.2	>60	40－60	20－40	<20

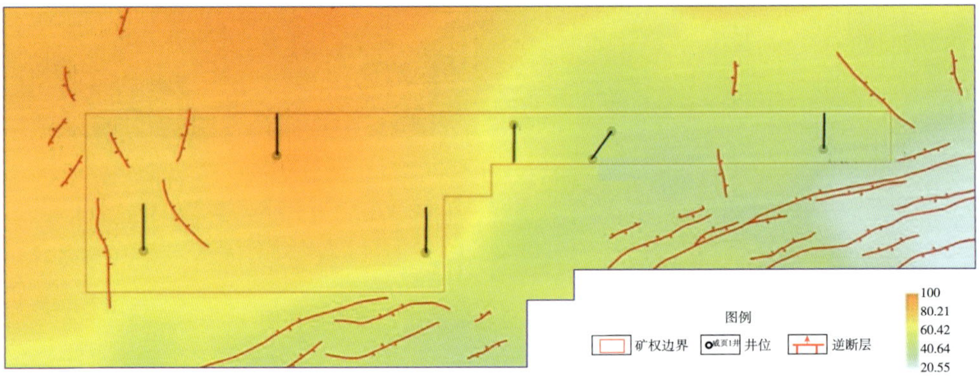

图4－2－15　深层页岩地质甜点评价图

页岩气工程甜点要素主要包括：页岩埋深、页岩地层压力和页岩脆性、地应力条件等，权值系数见表4－2－3，如图4－2－16是根据各项参数条件建立的页岩气工程条件综合评价图，图中红黄色区域表示页岩气工程条件相对有利区域。

页岩气选区综合评价主要是综合页岩气地质条件、工程条件、储层特征条件对页岩气储层进行综合评价。从工区整体来看，地应力方向整体为近东西向，主要参数表现为工区西部页岩气层要优于东部，按照页岩气评价标准1－4小层优质页岩气层分为有利区和较有利区两类评价区，其中中西部为有利区，东部主要为较有利区。

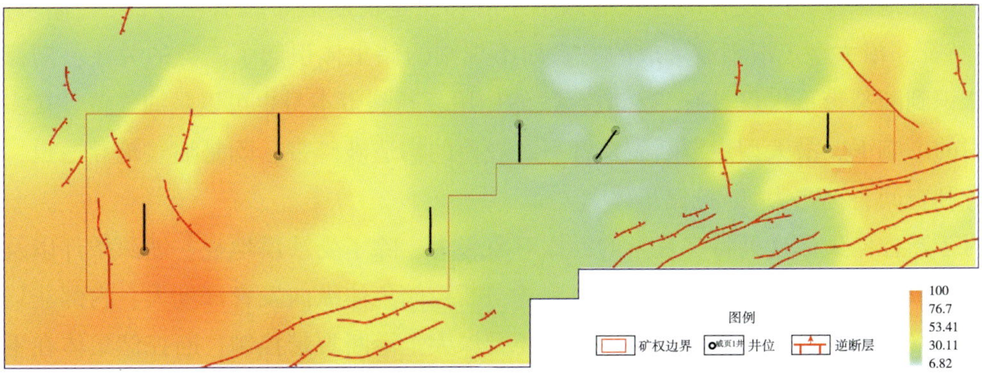

图 4－2－16 深层页岩气工程甜点评价图

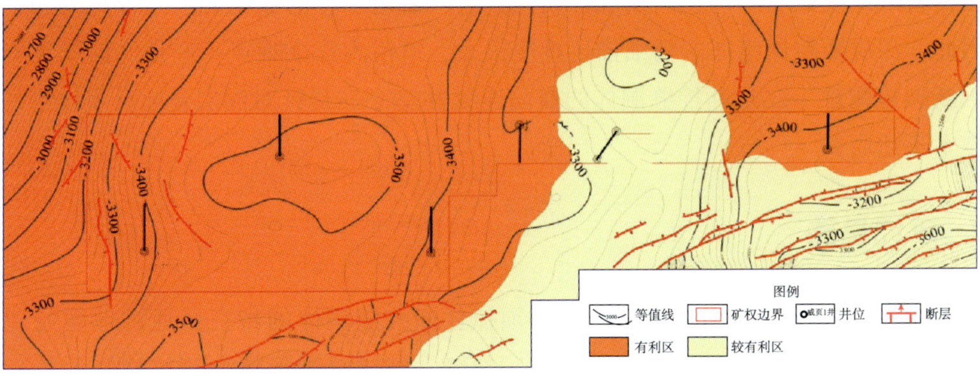

图 4－2－17 深层页岩气储层综合参数评价图

4. 启示

通过本案例可以看出：深层页岩气由于埋深大，普遍超过3500m，具有高温、高压、的复杂地质特征，页岩甜点预测与评价一方面要考虑“深”带来的影响，以提高深层页岩岩石物理建模、甜点预测的精度，另一方面要充分利用地质、地震、测井、岩芯等多类型数据，通过以地震反演技术为核心的双甜点地震预测一体化技术的应用，实现深层页岩储层有效评价，指导井位部署、井轨迹设计及压裂方案设计，支撑深层页岩气高效勘探开发。

案例 3：面向深层断控体的地震描述技术应用

1. 难点与挑战

近年来，随着塔里木盆地油气勘探在顺北地区特深碳酸盐岩领域获得重大油气突破，揭示了顺北地区及邻区发育的克拉通内中小滑移距走滑断裂带具有明显的“控储、控藏、控富”特征，沿大型走滑断裂形成的一系列不规则的储集体引起了广泛的关注，勘探家们愈发认识到断裂带不仅仅具有“控储控藏”的作用，断裂带本身也可以是油气藏。在多期构造作用的影响下，沿大型走滑断裂发育一定规模的构造破碎带，既是油气疏导通道，又是成藏有利空间，称之为“断控储集体”。

对于断控储集体这种特殊复杂的勘探对象来讲，除了受沙漠地表、埋深条件以及断裂带信息导致的地震采集处理难度大等限制外，断控储集体纵向发育深度大、内部非均质性极强，不受局部构造形态控制，其展布主要受深大走滑断裂带控制，断控储集体在不同级别断裂带、同一断裂带不同分段内的发育程度有明显差异，缝洞体空间展布十分复杂；加上地震资料因地震照明不均、断面成像模糊，且入射角小、信噪比低、频带宽度和主频所限，因此，深层断控储集体的精细描述难度很大，概括为三个难点：一是低信噪比资料的低序级断裂检测难；二是断控缝洞体的横向连续性差；三是针对深层叠前反演技术的流体检测技术不适应。

2. 研究思路

面对深层断控体的精细描述问题，必须抓住断控缝洞体的特征，通过地震处理与地震描述技术的有机结合，不断提高断裂——裂缝、断控缝洞形体、流体检测的精度。针对上述三个方面的难点采用如下解决思路和技术方案。一是针对低信噪比资料的低序级断裂检测问题，采用“解释性处理 + 敏感几何属性优选”的断裂刻画思路，提高刻画精度；二是针对断控缝洞体的横向连续性差的特征，采用地震相控反演，即利用优选后的地震属性——对断溶体边界描述较好的结构张量属性来约束地震反演，消除模型的边界效应，提高反演精度；三是针对深层叠前反演技术的流体检测应用陷阱问题，提出“基于稀疏正则化基追踪的两角度地震流体因子反演”的解决方案。

3. 技术方案

1）低序级断裂检测技术

通过解释性处理，压制随机噪声，在此基础上上通过几何属性优选，实现低序级断裂的刻画。

（1）地震资料解释性处理。

通过获取地震图像的结构信息（倾角方位角或边界），将倾角约束、各向异性扩散滤波、保边滤波等技术结合起来，对原始地震数据进行解释性处理，压制随机噪声，提高地震数据的横向信噪比，但地层中的不连续信息在过滤的同时被相应保留，强化其对断层的刻画能力，其技术流程见图 4－3－1 所示。

图 4－3－2 所示分别为原始地震剖面、解释性处理后的地震剖面，对比处理前后的地震剖面，很容易看出，原始地震数据经过解释性处理后，随机噪声得到明显压制，信噪比明显提升，沿层叠加地震信号地震数据更加平滑，并且保存了信号的不连续性和其他一般特征，与原始地震剖面有一定的继承性。断层显示更加清晰，标明断裂边界特征得到进一步增强，且断点位置更加清晰，断面、断层更容易识别。

(2)敏感几何属性优选。

在解释性处理后的数据上开展几何属性的提取与优选，实现主干断裂与低序级断裂的精细刻画。图 4－3－3(a)为原始地震资料的 T74 沿层相干平面图、图 4－3－3(b)为解释性处理后的 T74 沿层相干平面图、图 4－3－3(c)为解释性处理后的 T74 沿层曲率平面图。从图上可以看出，经过解释处理后，除了近南北向的主干断裂外，沿主干断裂发育的北北东向的次级断裂更清楚。

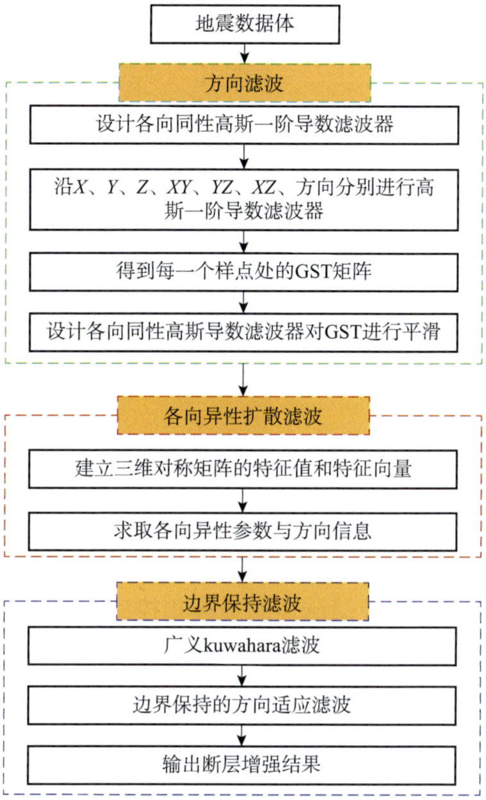

图 4－3－1　面向低序级断裂的解释性处理流程

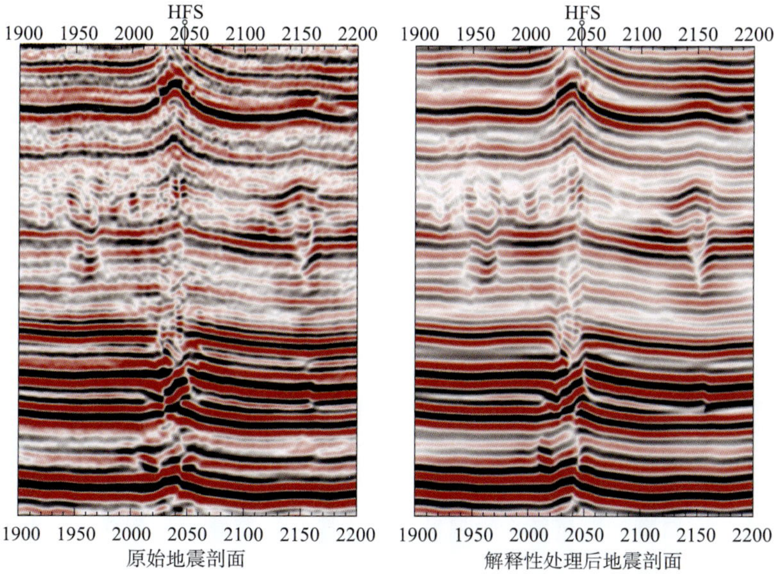

图 4－3－2　解释性处理前后地震剖面对比图

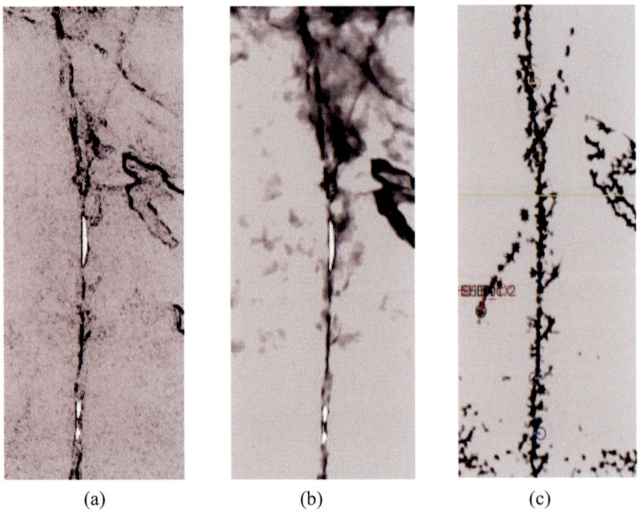

图4－3－3　解释性处理前后的T74沿层几何属性平面图

2）断控缝洞体的地震相控反演技术

由于断控缝洞体的横向变化快，利用断控缝洞体边界描述较好的地震属性约束地震反演，使得反演的断控缝洞体波阻抗特征更符合地质规律。

选取典型的断控缝洞体，进行地震属性（包括结构张量、弧长张量、包络张量、边缘检测、振幅变化率、纹理属性、曲率属性、杂乱度等地震属性）的提取，并结合实际钻测井资料进行敏感属性的优化。通过大量对比、降维，优选出边缘检测类及结构类属性为断溶体内幕缝洞识别的敏感属性（图4－3－4）。其中结构张量、振幅高斯曲率、杂乱等属性对断溶体内幕具有较好的识别效果，综合纹理、张量等属性能对断溶体边界进行定量刻画。

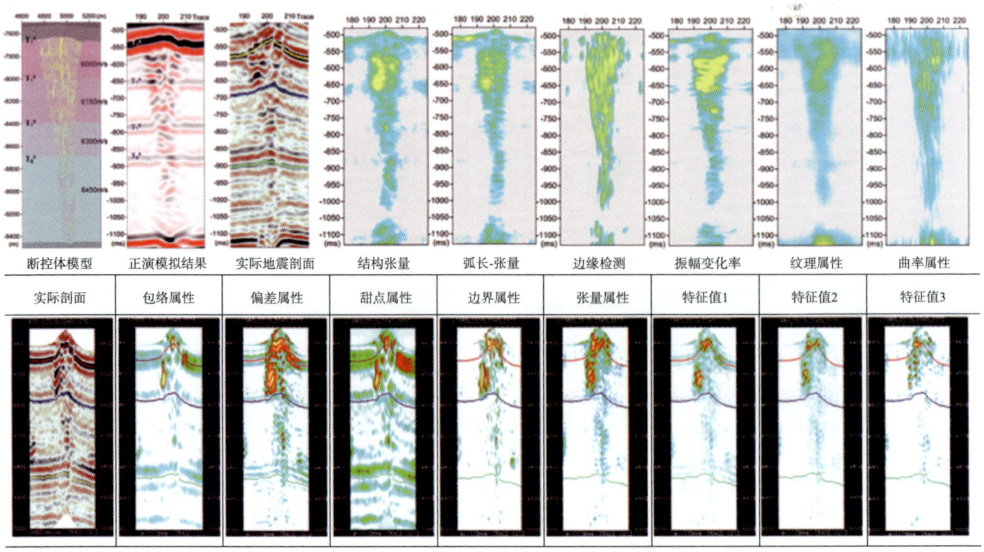

图4－3－4　断溶体内幕储层敏感属性优选

相控反演的技术流程见图 4 – 3 – 5 所示。

低频模型建立是相控反演的重要步骤，基于可以反映断控缝洞体纵向发育特征的张量属性作为约束，对断溶体外的模型数据进行约束，以保证平面上与地震趋势一致；进一步用断溶体数据控制进行内部的低频模型的插值，通过迭代输出用于下一步反演的低频模型。更新后的低频模型平面变化与传统的模型相比改进明显，断溶体的展布特征符合地质规律。

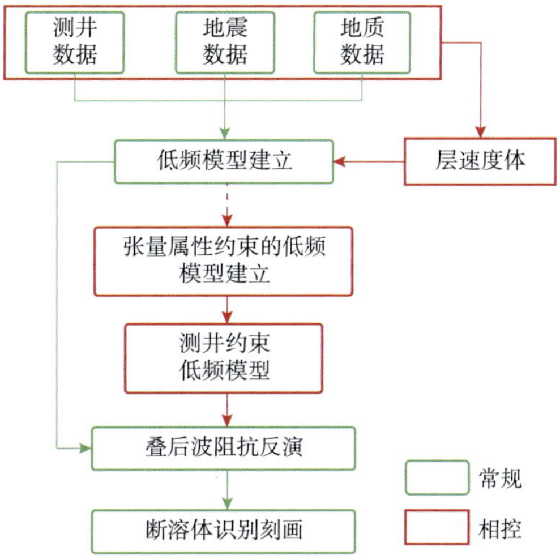

图 4 – 3 – 5　面向断控缝洞体的相控反演技术流程

在更新的低频模型的数据体上，经过反演参数测试等实现波阻抗反演，相控反演结果整体波阻抗变化趋势与常规波阻抗反演一致，但断溶体内部的异常特征更加明显，更容易识别(图 4 – 3 – 6)，较好地实现了断裂带的准确识别，提高钻探成功率高。图 4 – 3 – 6 左图为常规叠后波阻抗反演结果，断控储集体轮廓较为模糊，储层描述不清；而右图为相控反演结果，不仅能将断控缝洞体的主干断裂带特征清晰刻画出来(图 4 – 3 – 6 右图中红色部分)，还能将杂乱背景下规模较小的次级断裂带描述出来，断控缝洞体内幕储层描述精度得到了明显提高。

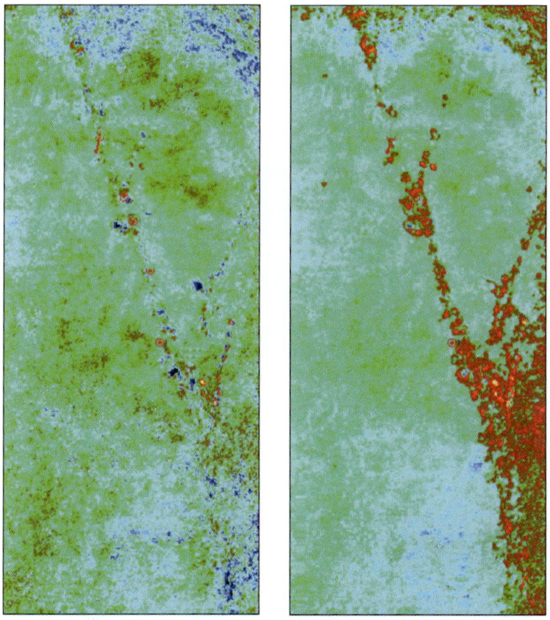

图 4 – 3 – 6　常规反演与相控反演效果对比

通过对断控缝洞体比较敏感的地震张量属性约束建模，避免了传统建模对断溶体的边界的模糊和波阻抗值的干扰，能有效刻画断裂带内的储集体，结合该区实际生产数据，反演结果具有较高的精度。

3) 基于叠前反演的深层流体检测技术

针对深层地震资料的特点，充分考虑固体骨架、孔隙流体对岩石弹性模量的影响，构建基于孔隙弹性介质理论的 Gassmann 流体项 f，然后借助 Connolly 推导弹性阻抗的思想，推导了基于 Gassmann 流体项与剪切模量的两项弹性阻抗方程。该方程在小角度时与精确 Zoeppritz 方程误差很小，满足小角度入射条件下的近似精度要求。针对深部储层地震资料信噪比差的特点，采用基于稀疏正则化的基追踪地震反演算法实现了深部储层基追踪弹性阻抗反演，求取基于基追踪弹性阻抗反演的 Gassmann 流体项与剪切模量，并将提取的 Gassmann 流体项应用于深部储层流体识别。实际应用表明该方法稳定有效，具有较好的实用性。

在贝叶斯反演框架下，基于基追踪的反演方法，实现二项式叠前弹性阻抗反演，图 4 –3 –7为过两口井的小角度地震数据剖面以及二项式弹性阻抗数据和流体因子数据，可以看到对缝洞的识别较精确。

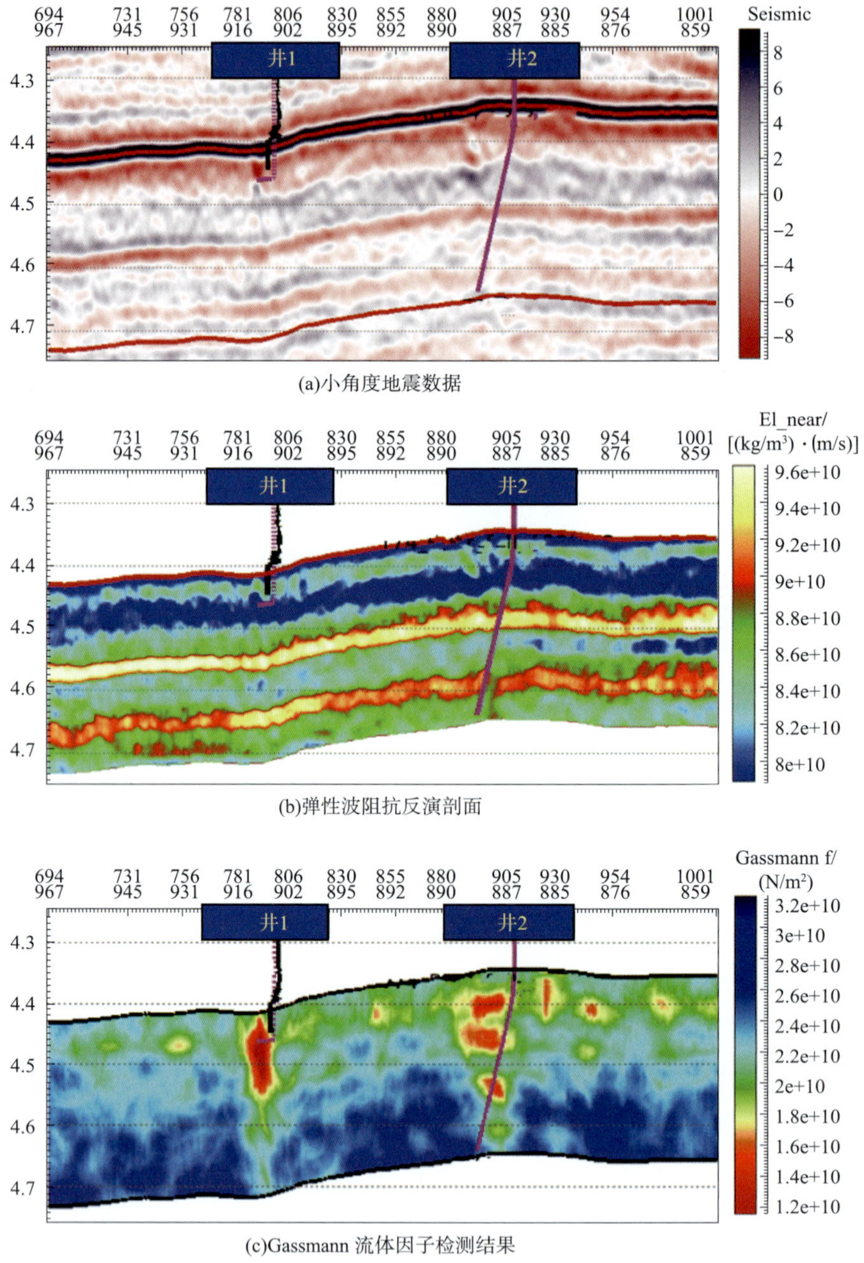

(a)小角度地震数据

(b)弹性波阻抗反演剖面

(c)Gassmann 流体因子检测结果

图 4 –3 –7　实际地震资料二项式叠前反演 $f-\mu$ 剖面

分析图 4-3-8 可得，基于 Gassmann 流体因子检测结果，油气储层平面分布与走滑断裂分段性具有较好的对应关系，表明基于小角度的流体因子检测具有较好的应用效果。

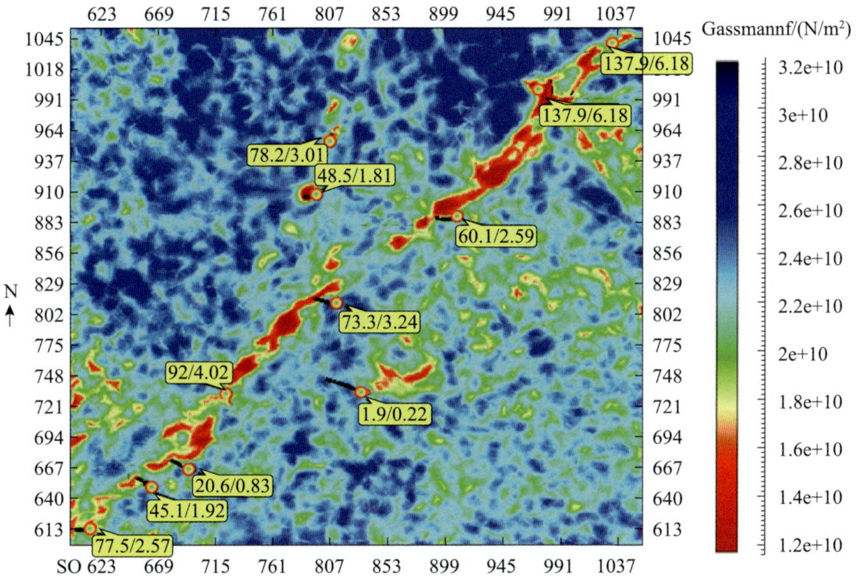

图 4-3-8 沿 T74 层的流体因子切片

4. 启示

(1) 对于深层—超深层低信噪比资料，大多数低序级断层—断裂对应的地震同相轴错断不明显或断点不干脆，单一属性检测效果不理想，使用解释性处理 + 敏感几何属性优选，可以增强断裂边界特征提高低序级断层—断裂的识别能力，在此基础上开展几何属性的优选，可实现断裂带的精细刻画。

(2) 常规测井阻抗曲线插值低频模型不能反映断控缝洞体沿深大断裂带纵向发育的地质特征，通过选取对断溶体边界描述较好的敏感属性作为初始低频模型约束地震反演，可较好地突出断裂带的空间展布特征，提高断控缝洞体的刻画，为后续断控缝洞体的量化分析提供数据支撑。

(3) 针对深部储层地震资料的入射角小，在利用常规的弹性阻抗及常规流体因子进行流体检测存在较大影响。通过基于稀疏正则化基追踪的两角度地震流体因子反演，可较好地实现断控缝洞体的流体性质识别。

结束语

本书编写基于国家自然科学基金企业创新发展联合基金项目《海相深层油气富集机理与关键工程技术基础研究》(U19B6003)其中《深层复杂构造成像与多类型储层预测方法》课题(U19B6003-04)的部分研究成果。课题针对我国塔里木盆地、四川盆地、鄂尔多斯盆地等深层领域的地球物理勘探中实涵盖地震采集、处理、解释三大环节的关键问题，从具体客观的问题现象出发，通过剖析问题背后可能存在的方法、技术、参数、流程等原因，探索给出合适的解决方案，并由特定案例总结出启示，以指导其他类似探区的类似问题，达到举一反三的目的。

本书由曲寿利、孙振涛、蔡杰雄等编著，曲寿利作为课题长，全面设计和总体规划，负责本书的整体架构和主体编撰。孙振涛作为专题长，负责储层预测和综合研究方面的技术研发和应用工作，在叠前叠后储层与流体预测和五维地震解释方法方面做了大量工作，参与本书第三章、第四章内容的编写。蔡杰雄作为专题长，负责地震处理相关案例的分析与编撰。主要包括复杂地表地震叠前保幅保真处理方面的陷阱以及复杂构造地震成像方面的陷阱案例方面，参与本书第一章、第二章内容的编写。关达、张印堂、林正良、朱童、马灵伟、袁刚、曹辉兰、郑浩、杨金龙、郭恺、胡华锋、李京南、谢玮、许凯、孙志峰、王汝珍、周旸、张克非、刘俊辰、于鑫、罗飞、纪永帧、邹少峰等研究人员参与相关内容的编写。

本书涉及地震勘探技术在众多油气勘探领域的应用，编写中难免存在问题和错误，敬请读者更正。

参考文献

[1]Karastathis V K, Papoulia J, Di Fiore B, et al. Deep structure investigations of the geothermal field of the North Euboean Gulf, Greece, using 3 – D local earthquake tomography and Curie Point Depth analysis[J]. Journal of Volcanology and Geothermal Research, 2011, 206(3 – 4): 106 – 120.

[2]Toksoz M N. Geothermal Reservoir Characterization using Passive Seismic Tomography: A Case History[C]// Istanbul 2012 – International Geophysical Conference and Oil & Gas Exhibition. Society of Exploration Geophysicists and The Chamber of Geophysical Engineers of Turkey, 2012: 1 – 4.

[3]崔亚彤, 王胜侯, 蔡忠贤. 基于快速自适应非局部均值滤波的地震随机噪声压制方法[J]. 物探与化探, 2022, 46(5): 1187 – 1195.

[4]杜耀斌, 曾庆才. 塔里木盆地河南探区地震资料处理方法研究[J]. 新疆石油地质, 2006, 27(1): 53.

[5]刘立民, 刘定进, 李博. 起伏地表谱元逆时偏移方法[J]. 石油物探, 2021, 60(2): 312 – 322.

[6]曲寿利. 面向深层复杂地质体油气勘探的地震一体化技术[J]. 石油物探. 2021, 60(6): 879 – 892.

[7]石战战, 庞溯, 王元君, 等. 基于 fx 域时频非凸正则化低秩矩阵近似的共偏移距道集去噪方法[J]. 物探与化探, 2022, 46(6): 1444 – 1453.

[8]王立歆, 李海英, 李弘, 等. 复杂地质条件下超深层碳酸盐岩断控缝洞体成像及预测技术[J]. 石油物探, 2022, 61(5): 865 – 875.

[9]徐颖, 刘晨, 吕秋玲, 等. 多域组合去噪技术在塔中奥陶系低信噪比资料处理中的应用[J]. 石油物探, 2015, 54(2): 172 – 179.

[10]印兴耀, 张洪学, 宗兆云. OVT 数据域五维地震数据解释技术研究现状与进展[J]. 石油物探, 2018, 57(2): 155 – 178.

[11]印兴耀; 张世鑫; 张峰. 针对深层流体识别的两项弹性阻抗反演与 Russell 流体因子直接估算方法研究[J]. 地球物理学报, 2013, (07): 2378 – 2390.

[12]张慧宇, 王立歆, 孔祥宁, 等. 适于大规模数据的逆时偏移实现方案[J]. 物探与化探, 2015, 39(5): 978 – 984.

[13]张在金, 陈可洋, 范兴才, 等. 井控与构造约束条件下的网格层析速度建模技术及应用[J]. 石油物探, 2020, 59(2): 208 – 217.

[14]郑浩, 蔡杰雄, 王静波. 基于构造导向滤波的高斯束层析速度建模方法及其应用[J]. 物探与化探, 2020, 44(2): 372 – 380.

[15]郑浩, 刘俊辰, 万城程. 基于断裂属性约束的深度域层析速度建模技术[J]. 石油物探, 2021, 60(4): 556 – 564.